高等学校学科创新引智计划(B21005)　联合资助
陕西师范大学优秀著作出版基金

半导体材料表征方法与技术

杨　周　刘生忠　编著

陕西师范大学出版总社

图书代号　JC23N0753

图书在版编目(CIP)数据

半导体材料表征方法与技术／杨周，刘生忠编著. —西安：陕西师范大学出版总社有限公司，2023.4
ISBN 978-7-5695-3148-0

Ⅰ.①半…　Ⅱ.①杨…②刘…　Ⅲ.①半导体材料—研究　Ⅳ.①TN304

中国版本图书馆 CIP 数据核字(2022)第 153962 号

半导体材料表征方法与技术
BANDAOTI CAILIAO BIAOZHENG FANGFA YU JISHU
杨　周　刘生忠　编著

出版统筹	雷永利
责任编辑	刘金茹
责任校对	于盼盼
封面设计	鼎新设计
出版发行	陕西师范大学出版总社 （西安市长安南路 199 号　邮编 710062）
网　　址	http://www.snupg.com
印　　刷	陕西隆昌印刷有限公司
开　　本	787 mm×1092 mm　1/16
印　　张	10
字　　数	184 千
版　　次	2023 年 4 月第 1 版
印　　次	2023 年 4 月第 1 次印刷
书　　号	ISBN 978-7-5695-3148-0
定　　价	40.00 元

读者购书、书店添货或发现印装质量问题，请与本社高等教育出版中心联系。
电话：(029)85303622（传真）　85307864

前　言

科学技术是推动经济和社会发展的强大动力,党的二十大报告明确提出"实施科教兴国战略,强化现代化建设人才支撑",旨在通过科技人才的培养、科技企业的培育来推动我国的高质量发展。半导体材料作为一种重要的功能材料,在逻辑运算、功率控制、光伏发电、固态照明等领域有着重要的应用。随着科学研究的不断深入,半导体材料和器件的发展日新月异,新型半导体器件不断涌现,掌握必要的半导体基础知识和分析技能有益于半导体材料的开发和器件的研发。基于此,本书以数据分析为基础,以半导体材料的基本性质为桥梁,以半导体检测技术为主线,阐述了半导体材料及器件的特征参数分析和检测。

获得可信、有效的数据是分析的基础,第1章和第2章中主要讲述了测量和分析数据常用的方法以及测量的评价和后续的数据处理。同时,利用统计学的知识确定最佳的测量方案,为快速、高效、准确地获得实验数据提供了理论指导。

第3章阐述了半导体材料的基本特性,包括固体能带结构、有效质量、空穴、载流子迁移率、半导体掺杂、载流子的产生与复合、载流子的输运方程等基础知识,这些内容是理解和分析半导体材料和器件光电性质的基础,后面章节中光电性质的测量也是围绕本章中的相关参数进行的。

第4章到第7章围绕半导体缺陷、载流子迁移率、载流子寿命、半导体接触等介绍了几种典型的测量方法,通过这些测量手段可以获得半导体材料的光电参数,能为后续器件的设计和分析提供必要的支撑。

第8章主要关注太阳能电池器件的基本原理及表征,从光学设计、电学参数的角度阐述了如何设计高性能的太阳能电池器件及其表征方法。

本书概述了半导体材料的基本光电性质、影响因素及表征方法,较全面地介绍了半导体材料及器件性能的影响因素和测试方法,对材料科学专业的学生和相关科研工作人员,具有较好的参考价值和意义。

编者

2022 年 12 月

目　　录

第1章　实验数据的统计分析 ······································· 1

　1.1　测量及误差 ··· 1

　　1.1.1　测量 ··· 1

　　1.1.2　误差的基本概念 ··· 2

　1.2　有效数字与数值运算 ··· 3

　　1.2.1　有效数字 ··· 3

　　1.2.2　数字的舍入与运算 ··· 4

　　1.2.3　数字的运算规则 ··· 4

　1.3　误差分析理论 ··· 4

　　1.3.1　测量结果的评价 ··· 4

　　1.3.2　随机误差 ··· 5

　　1.3.3　系统误差 ··· 8

　　1.3.4　粗大误差 ·· 12

　　1.3.5　误差的合成 ·· 13

　1.4　最佳测量方案的确定 ·· 19

第2章　数据的拟合 ··· 21

　2.1　最小二乘法 ·· 22

　　2.1.1　最小二乘法基本原理 ······································ 22

　　2.1.2　最小二乘法与最大似然法 ·································· 23

　2.2　线性参数的最小二乘拟合 ······································ 24

　　2.2.1　直线拟合 ·· 24

　　2.2.2　一般线性参数方程 ·· 27

2.2.3　最小二乘法数据拟合的统计性质 ·· 30
　　　2.2.4　两个变量都具有误差时的直线拟合 ···································· 35
　2.3　非线性参数的最小二乘拟合 ··· 37
　　　2.3.1　可化为线性拟合方程的非线性参数估计 ······························ 37
　　　2.3.2　非线性参数的一般处理方法 ·· 40
　2.4　多项式曲线拟合 ·· 43
　　　2.4.1　多项式拟合原理 ·· 44
　　　2.4.2　测量数据的光滑处理 ··· 46
　　　2.4.3　多项式拟合阶数的选取 ·· 51
　2.5　正交多项式族的应用 ·· 55
　　　2.5.1　曲线拟合中正交多项式族的使用 ······································· 55
　　　2.5.2　正交多项式族的构成 ··· 57
　　　2.5.3　自变量等间距变化的直线方程计算 ···································· 60
　　　2.5.4　自变量等间距变化时多项式拟合计算 ································· 62

第3章　半导体物理基础 ·· 65
　3.1　固体能带理论基础 ··· 66
　3.2　载流子的准经典运动 ·· 70
　　　3.2.1　布洛赫电子的有效质量和运动速度 ···································· 70
　　　3.2.2　能带填充与材料导电特性 ··· 71
　3.3　平衡载流子的统计分布 ··· 75
　　　3.3.1　载流子浓度计算 ·· 75
　　　3.3.2　本征半导体 ·· 77
　　　3.3.3　非本征半导体 ··· 78
　3.4　半导体中的载流子输运 ··· 79
　　　3.4.1　载流子的漂移运动 ··· 79
　　　3.4.2　载流子的扩散运动 ··· 79
　3.5　非平衡载流子 ·· 80
　　　3.5.1　非平衡载流子的注入与复合 ·· 80
　　　3.5.2　准费米能级 ·· 83

3.6 连续性方程 ·· 85

第4章 半导体材料的接触及能带结构测量 ···················· 87
4.1 材料的功函数 ··· 87
4.2 pn 结的能带结构及特性 ·· 90
 4.2.1 pn 结的能带结构 ·· 90
 4.2.2 pn 结内的电场强度 ··· 92
 4.2.3 空间电荷区宽度和结电容 ································ 95
4.3 金属和半导体接触 ·· 99
4.4 材料费米能级及界面接触势垒的测试方法 ············ 101
 4.4.1 紫外光电子能谱 ·· 102
 4.4.2 开尔文探针 ·· 103

第5章 半导体缺陷及测量 ··· 105
5.1 载流子的产生–复合理论 ······································ 105
 5.1.1 间接复合 ··· 106
 5.1.2 表面复合 ··· 110
 5.1.3 陷阱效应 ··· 111
 5.1.4 缺陷能级填充的动态描述 ······························ 112
5.2 电容法测量缺陷浓度 ·· 114
 5.2.1 稳态电容测量 ··· 116
 5.2.2 瞬态电容测量 ··· 116
5.3 深能级瞬态谱(DLTS) ··· 122
5.4 导纳谱测试 ·· 123
5.5 空间电荷限制电流法 ·· 124

第6章 载流子迁移率的测量 ·· 126
6.1 霍尔效应测量载流子迁移率 ·································· 126
6.2 飞行时间漂移迁移率 ·· 129
6.3 空间电荷限制电流法 ·· 131

第7章 载流子动力学 ··· 134
7.1 影响过剩载流子寿命的过程 ·································· 134

7.2　时间分辨光致发光光谱 ································· 135

　　7.3　瞬态吸收光谱 ··· 138

　　7.4　光电导衰减法 ··· 140

　　7.5　瞬态光电压谱 ··· 142

第8章　太阳能电池的基本原理及表征 ························· 144

　　8.1　半导体材料及器件的光学性能 ··························· 144

　　　　8.1.1　椭偏仪工作原理及材料光学常数的测量 ············· 145

　　　　8.1.2　减反射膜 ······································· 147

　　　　8.1.3　陷光结构 ······································· 148

　　8.2　太阳能电池工作机制及等效电路 ························· 148

　　8.3　太阳能电池能量转换效率 ······························· 151

　　8.4　光谱响应（量子效率） ································· 152

第1章 实验数据的统计分析

对自然和未知事物的认识总是伴随着对某些物理量的观察和测量,在材料科学的研究过程中,对各种功能材料本征性质及其器件性能的评价涉及对相关物理量的测量,以及对测量数据的处理和分析,这些过程对揭示自然规律、发展新材料和新器件有着重要的意义。然而,任何实验测量中都存在一些无法控制的事件,会造成测量误差。经验和数理原理表明,增加实验数据的测量次数,并对大量数据进行统计分析可提高测量结果的可信度,有助于揭示正确的规律,推动对未知事物的认识和科学技术的发展。本章主要从实验数据的统计分析出发,介绍分析实验数据所用的基本方法和策略。

1.1 测量及误差

1.1.1 测量

测量是将某被测量与作为测量单位的标准量进行比较得出比值的过程。测量过程中需采用特定的计量工具,获得测量对象的特定物理量,如长度、电容、微观形貌等,采用数据的形式将其呈现,并进一步用于揭示客观规律。根据测量过程中关注对象的不同,可以将测量过程进行如下分类:

(1)根据是否可以直接获得所需的量,将测量分为:直接测量,如长度、时间、温度等;间接测量,需要通过函数换算获得所需数值,如加速度、压强、面积等。

(2)根据被测参数的多少,将测量分为:单项参数测量、综合参数测量。

(3)根据测量过程中测量因素是否发生变化,将测量分为:等精度测量,在测量过程中,决定测量精度的全部因素或条件都不变;不等精度测量,在测量过程中,决定测量精度的因素或条件可能完全或部分改变。

测量结果应包含两部分内容,即测量的具体数值和单位,这两者组合才能反映出测试结果具体的大小和所表示的含义。国际单位制(SI)选择了彼此独立的七个量,即长度、质量、时间、电流、热力学温度、物质的量和发光强度,作为基本物理量,并对每个量分别定义了一个单位,这些基本量的单位称为 SI 基本单位,具体见表 1-1。

表 1-1 SI 基本单位

物理量名称	物理量符号	单位名称	单位符号
长度	l, L	米	m
质量	m	千克	kg
时间	t	秒	s
电流	I	安[培]	A
热力学温度	T	开[尔文]	K
物质的量	$n, (\nu)$	摩[尔]	mol
发光强度	$I, (I_v)$	坎[德拉]	cd

国际单位制还包括 2 个辅助单位(弧度和球面度)在内的 21 个导出单位,这些导出单位具有专门的名称和符号,如频率的单位名称是赫兹,定义为 s^{-1}。在实际使用时,它们的大小可以根据实际情况进行调整。如,长度单位是米,但在表征功能薄膜厚度时一般采用的单位为纳米,而表述路程时通常用的单位为千米。对于前者计量单位米太大,而对于后者计量单位米又太小。因此,需要引入米的倍数单位和分数单位。SI 词头就是用来加在 SI 单位前构成 SI 单位的十进倍数单位和分数单位,如 k、m、μ 等,从而大大简化单位的名称,提高单位的实用性。除此之外,还有组合形式的单位,即由两个或两个以上的单位用乘、除的形式组合而成的新单位,如角速度单位弧度每秒(rad/s)、电能单位千瓦时(kW·h)等。

1.1.2 误差的基本概念

在测量过程中,测量值和真值(理论值)之间存在着或大、或小的差异,这个差异称为误差。按照误差的表示方法,可将误差分为绝对误差和相对误差。绝对误差为测量值与真值的差值,相对误差为误差值与真值的比值。

真值是一个物理量在一定条件下所呈现的客观大小或真实数值,又称理论值或定义值。它虽然在一定条件下是客观存在的,但要确切给出大小却十分困难。真值一般分为理论真值、计量学约定真值和相对真值三种类型。理论真值仅存在于纯理论之中,如三角形内角之和恒为 180°,一个整圆周角为 360°,等等。计量学约定真值一般指由国家设立的尽可能维持不变的实物标准或基准,以法令的形式指定其所体现的量值。如指定国际千克原器的质量为 1 kg,光在真空中 1/299792458 s 的时间间隔内所行进路程的长度为 1 m,等等。相对真值是指满足规定精度要求的用来代替真值使用的量值。由于在日常测量中,所有仪器不可能都与国家标准相比对,一般是通过多级计量检定来进行一系列的逐级比对,在每级的比对中,都以上一级标准所体现的值作为近似真值,有时也称参考值或传递值。

1.2 有效数字与数值运算

由于任何测量都存在误差,且在数据处理中采用无理数表示测量数据时不可能取无穷位,因此通常得到的测试数据和测试结果都是近似值。人们往往容易产生这样两种想法:① 数值中小数点后面的位数越多越准确;② 计算结果保留位数越多越准确。其实,这两种想法都是不准确的。其原因是:① 小数点的位置不决定精度,而与所选用的单位有关。如一电压测量值标记为 368.2 μV 或 0.3682 mV,精度是完全一样的。② 测试仪器自身存在一定的精度。如某一电压表的精度为 0.1 μV,那么运算结果给出 0.05 μV 的结果是没有意义的。

1.2.1 有效数字

测量中的有效数字是指,在测量工作中实际能够测得的数字,包括最后一位估计的、不确定的数字。通过直接读取获得的准确数字为可靠数字,估读部分的数字为存疑数字。测量结果中能够反映被测量大小的带有一位存疑数字的全部数字为有效数字。如尺子的分度值为 0.1 cm,那么读数 3.25 cm 中可靠数字有两位,为个位上的 3 和十分位上的 2,存疑数字有一位,为百分位上的 5,有效数字有三位。

数学中,一个数从左边第一个不为 0 的数字数起到末尾数字为止,所有的数字(包括 0,科学计数法中不计 10 的 N 次方)都为有效数字。简单地说,把一个数字前面的 0 都去掉,从第一个正整数起,到精确的数位止,所有的数字都是有效数字。

有效数字中的 0 有两种意义,即定位数字和有效数字。中间和末尾的 0 是有效数字,而开头的 0 是定位用的。例如 0.0030450 中,前三个 0 为定位数字,3 和 4 中间的 0 及 5 后面的 0 为有效数字。

1.2.2　数字的舍入与运算

在实际数据处理当中,数字的四舍五入规则为:

(1)当保留 n 位有效数字时,若第 $n+1$ 位数字≤4,则舍掉。

(2)当保留 n 位有效数字时,若第 $n+1$ 位数字≥6,则第 n 位数字进1。

(3)当保留 n 位有效数字时,若第 $n+1$ 位数字等于5且后面数字为0,则第 n 位数字若为偶数就舍掉后面的数字,若第 n 位数字为奇数就加1;若第 $n+1$ 位数字等于5且后面还有不为0的任何数字时,无论第 n 位数字是奇数还是偶数,都加1。

以上规则可简述为"小则舍,大则入,正好等于奇变偶"。

1.2.3　数字的运算规则

除了单个测量值有效数字的取舍规则,在遇到涉及多个含有有效数字的数据计算时,则需要考虑各个数据的精度对最终结果的影响。具体规则如下:

(1)在加减计算中,各运算数据以小数位数最少的数据位数为准,其余各数据可多取一位,但是最后结果应与小数位数最少数据的小数位数相同。

(2)在乘除运算中,以有效数字最少的数据为标准。将有效数字多的其他数字删减至多保留一位,然后进行运算。最后结果中的有效位数与运算前数据中有效数字最少的一个相同。

(3)在乘方、开方计算中,其结果的有效数字位数应与其底数有效数字位数相等。

1.3　误差分析理论

根据误差的性质,可将误差分为随机误差、系统误差和粗大误差三类。随机误差也称偶然误差,是指在相同条件下,多次测量同一物理量时,其绝对值和符号以不可预知的方式变化的误差。系统误差是指在相同的测试条件下,多次测量同一物理量时,误差的绝对值和符号保持不变。粗大误差又称过失误差,通常由某些突发性因素或测量方法不当、读数错误、记录错误所致。以下从数据的收集和处理的角度分析误差的种类及减小或消除相应误差的措施。

1.3.1　测量结果的评价

只有通过对测量数据的正确处理,并正确地评价测量结果,才能进一步开展数据

分析工作,进而获得正确的规律和认识。通常从以下三个指标来评价测量结果的质量:

(1)精密度:在相同的测试条件下,对被测量进行多次测量,测得值之间的一致(符合)程度。精密度反映的是测得值受随机误差影响的程度,精密度高不一定准确度高,即测得值的随机误差小,不一定其系统误差亦小。

(2)准确度:被测量的测试值与其真值的接近程度。准确度反映的是测得值受系统误差影响的程度,准确度高不一定精密度高,即测得值的系统误差小,不一定其随机误差也小。

(3)精确度:测得值之间的一致程度及其与真值的接近程度,即精密度和准确度的综合概念,简称"精度"。精确度是测量值的随机误差和系统误差的综合反映。

在进行完整、有效的数据收集的基础之上,一般采用统计表、直方图、散点图的形式表达统计结果,以反映数据的变化趋势,进而对数据进行统计分析和处理。

1.3.2 随机误差

随机误差由许多不能掌握、不能控制、不能调节、更不能消除的微小因素构成。虽然产生随机误差的原因很多,但主要可分为以下三个方面:

(1)测量装置的因素。由于所使用的测量仪器在结构上不完善或零部件制造不精密,因而给测量结果带来随机误差。例如,由于轴与轴承之间存在间隙,因而润滑油在一定条件下所形成的油膜不均匀的现象会给圆周分度测量带来随机误差。

(2)测量环境的因素。最常见的如实验过程中温度的波动、电磁场的扰动、电压的起伏和外界振动等。

(3)测量人员的因素。操作人员对测量装置的操作不当,如读数不稳定等。

这些因素之间很难找到确定的关系,而且每个因素出现与否,以及这些因素对测量结果的影响,都难以预测和控制。

1.3.2.1 测试数据的正态分布

从数据的统计分析角度来看,虽然某一次随机误差的出现没有规律性,也不能用实验的方法予以消除,但如果进行大量的重复实验,就能发现随机误差在一定程度上遵循某种统计规律。在通常的实验过程中,随机误差出现的概率满足正态分布,即测量值的分布概率满足正态分布表达式

$$y = \frac{1}{\sigma\sqrt{2\pi}}\exp\left[-\frac{1}{2}\left(\frac{x-u}{\sigma}\right)^2\right] \qquad (1-1)$$

其中,y 为正态分布概率密度函数,x 为测量值,μ 为被测量真值,σ 为标准差。将式(1-1)绘出图形可得图 1-1,其中实线所表示数据的标准差小于虚线所表示数据的标准差,即标准差 σ 越大测量的数据越分散。

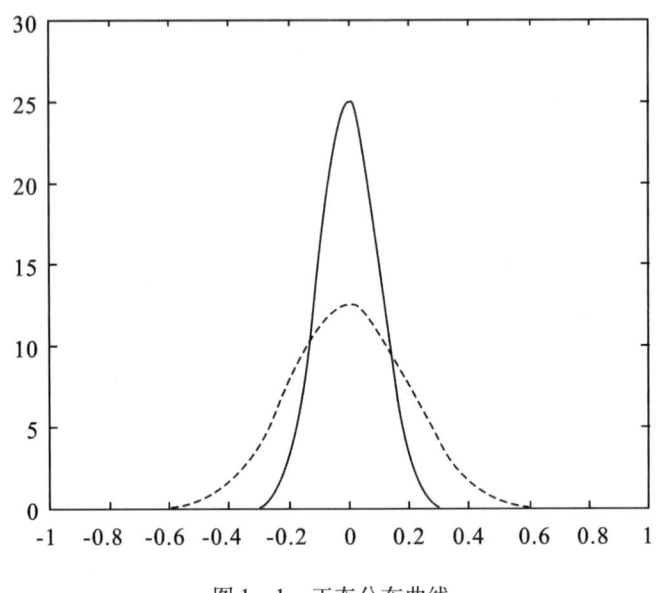

图 1-1　正态分布曲线

从图 1-1 可以看出,大量测量值服从以下统计规律:

(1)单峰性:测量值与真值相差越小,其出现的可能性越大;与真值相差越大,其出现的可能性越小。

(2)对称性:测量值与真值相比,大于或小于真值一定数值的测量值出现的可能性是相等的。

(3)有界性:误差的绝对值不会超过一定的限度,即与真值的差值超过一定范围的测量值在测量中出现的概率极小。

(4)抵偿性:随机误差的算术平均值随着测量次数的增加越来越小,即测量值的算术平均值越来越接近真值。

1.3.2.2　算术平均值

实验中很难获得与理论真值一样的结果,通常将理论计算出来的结果作为被测量的真值。基于随机误差正态分布的特性,通过多次测量求平均值的方法,可以使随机误差相互抵消。因此,通常将多次测量结果的算术平均值作为真值。若测量过程中,进行了 n 次测量,获得了 n 个测试数值 $(x_1, x_2, \cdots, x_n)$,那么可以认为被测量的真值是

$$\bar{x} = \frac{\sum_{i=1}^{n} x_i}{n} \quad (1-2)$$

若测量次数无限增加,根据正态分布函数的特性可知,算术平均值将无限趋近于真值,因此可将此数值作为真值来处理。根据误差定义有

$$\delta_i = x_i - \mu = (x_i - \bar{x}) + (\bar{x} - \mu) \quad (1-3)$$

其中,δ_i 为某次测量的误差,x_i 是某次的测量值,μ 为被测量真值,$\bar{x}$ 是测量结果的算术平均值。从式(1-3)中可以看出,测量误差由两部分组成,其中 $x_i - \bar{x}$ 为测量结果和算术平均值之间的误差,即随机误差;$\bar{x} - \mu$ 为算术平均值和真值的偏差,即系统误差。由此可以得出:① 随机误差等于误差减去系统误差;② 由于测量次数的有限性,只能确定随机误差的估计值。

1.3.2.3 标准差

标准差可用于描述各测量值偏离真值的距离的平均值,是误差平方和平均后的方根,即

$$\sigma = \sqrt{\frac{\sum_{i=1}^{n} \delta_i^2}{n}} \quad (1-4)$$

由于真值无法 100% 确定,因此真实的测量误差(真差)δ_i 无法求出。实际测量中常用测量值与算术平均值的差值,即残余误差(残差)$v_i = x_i - \bar{x}$ 代替真差。按照贝塞尔(Bessel)公式求得标准差 σ 的估计值为

$$\sigma = \sqrt{\frac{\sum_{i=1}^{n} v_i^2}{n-1}} \quad (1-5)$$

如果在相同条件下对同一被测量进行多组重复的系列测量,则每一组都可得到一个算术平均值。由于误差的存在,各个测量组的算术平均值也不相同。这些平均值围绕被测量的真值有一定的分布,此分布说明了算术平均值的不可靠性。而算术平均值的标准差是表征同一被测量各个独立测量组算术平均值分散特性的参数,可作为算术平均值不可靠性的评定标准。具体计算公式为

$$\sigma_{\bar{x}} = \frac{\sigma}{\sqrt{n}} \quad (1-6)$$

其中,σ 为单次测量的标准差,算术平均值标准差 $\sigma_{\bar{x}}$ 为单次测量标准差的 $1/\sqrt{n}$。当测量次数增加时,算术平均值的不可靠性将减小,算术平均值更加接近真值,即测量精度与测量次数的平方根成反比,因此增加测量次数可以获得更高的测量精度。进一步的统计数据结果表明,当 $n>10$ 后,精度的提高已非常缓慢,且随着测量次数的增加可能由于无法保证测试条件而带来新的误差。因此,通常情况下测量 10 次较为适宜。

1.3.2.4 极限误差

根据随机误差的正态分布特性可知,当误差大于某一数值时,其出现的概率将接近于 0。正态分布曲线下的面积相当于所有可能的测量值全部出现的概率,而随机误差在 $\pm\delta$ 内的测量值出现的概率为

$$P(\pm\delta)=\frac{1}{\sigma\sqrt{2\pi}}\int_{-\delta}^{\delta}e^{-\delta^2/2\sigma^2}dZ=\frac{2}{\sqrt{2\pi}}\int_{0}^{Z}e^{-Z^2/2}dZ=2\phi(Z) \qquad (1-7)$$

其中,$Z=\delta/\sigma$,$\phi(Z)$ 为正态分布概率积分,σ 为标准差。若某随机误差在 $\pm Z\sigma$ 范围内出现的概率为 $2\phi(Z)$,则超出该范围的概率为 $1-2\phi(Z)$,具体数值见表 1-2。

表 1-2 测量值出现的概率与标准差之间的关系

Z	$\|\delta\|=Z\sigma$	不超出 $\|\delta\|$ 的概率 $2\phi(Z)$	超出 $\|\delta\|$ 的概率 $1-2\phi(Z)$	测量次数	超出误差次数
0.67	0.67σ	0.4972	0.5028	2	1
1	σ	0.6826	0.3174	3	1
2	2σ	0.9544	0.0456	22	1
3	3σ	0.9973	0.0027	370	1
4	4σ	0.9999	0.0001	15626	1

从表 1-2 可以看出,随着 Z 值的增加,超出 $|\delta|$ 的概率迅速衰减。例如,$Z=3$ 时,在 370 次测量中只有 1 次超出设定的误差极限。由于在一般测量中,测量次数很少超过几十次,因此可以认为绝对值大于 3σ 的误差是不可能出现的。通常将 $|\pm3\sigma|$ 称为单次测量的极限误差。如果一次测量数值的误差超过极限误差,可认为此次测量为无效测量。

1.3.3 系统误差

在相同的测试条件下,对同一被测量的多次测量过程中,保持恒定或以可预知的

方式变化的测量误差分量叫作系统误差,其本质为对同一被测量进行大量重复测量所得结果的平均值与被测量真值之差。该值的大小表示测量结果与真值的偏离程度,反映了测量的准确度,对测量仪器而言可称偏移误差。这种误差可以通过实验或分析的方法,查明其变化的规律及产生的原因,并在确定其数值后,在测量结果中予以修正;或在新的测量前,采取措施改善测量条件或改进测量方法,从而使之减小或消除。但是不能依靠增加测量次数的方法而使系统误差减小或消除。系统误差的存在决定了测量的准确程度。

1.3.3.1 系统误差的来源

系统误差的来源包括工具误差、调整误差、习惯误差、条件误差和方法误差等。具体为:

(1) 工具误差。工具误差是由所使用的测量工具结构不完善、零部件制造时的缺陷与偏差等因素造成的。例如,尺子刻度偏大、微分螺丝死程、温度计刻度不均匀、天平两臂不等长以及刻度盘偏心等。

(2) 调整误差。调整误差是由测量前未能将仪器或待测件安装到正确位置(或状态)造成的。例如,使用未经校准零位的千分尺测量零件,使用零点调不准的电器仪表做检测工作,等等。

(3) 习惯误差。习惯误差是由测量者的某些使用习惯造成的。例如,用肉眼在刻度上估读时习惯偏向一个方向,在进行动态测量记录某一信号时有滞后的倾向,或者凭听觉鉴别时在时间判断上提前或滞后,等等。

(4) 条件误差。条件误差是由测量过程中条件的改变造成的。例如,测量工作开始与结束时的一些条件按一定规律发生变化(如温度、气压、湿度、气流和振动等)。

(5) 方法误差。方法误差是由于所采用的测量方法或数学处理方法不完善而产生的。例如,在长度测量中采用不符合阿贝原则的测量方法,或在计算时采用近似计算方法,测量条件或测量方法不能满足理论公式所要求的条件,等等。

1.3.3.2 系统误差的分类

根据系统误差产生的原因可以确定,该类误差不具有抵偿性,是固定的或服从一定规律的误差。可以将系统误差分为恒定系统误差和可变系统误差两大类。

1. 恒定系统误差

在整个测量过程中,误差的符号和大小都固定不变的系统误差称为恒定系统误差,也称不变系统误差。例如,某尺子的标称尺寸为 100 mm,实际尺寸为 100.001 mm,

误差为 -0.001 mm。如果按照标称尺寸使用,始终会存在 -0.001 mm 的系统误差。

2. 可变系统误差

在整个测量过程中,误差的符号和大小都可能变化的系统误差称为可变系统误差。可以分为三类:

(1)线性变化的系统误差。在测量过程中,误差值随某些因素线性变化的系统误差,称为线性变化的系统误差。例如,分度值为 1 mm 的标准刻度尺,由于存在刻画误差 Δ_l,每一刻度间距实际为 $1 \text{ mm} + \Delta_l$。若用它测量某一物体,得到的值为 k,则被测长度的实际值为 $L = k(1 \text{ mm} + \Delta_l)$,这样就产生了随测量值 k 的大小而变化的线性系统误差 $-k\Delta_l$。

(2)周期性变化的系统误差。测量值随某些因素周期性变化的系统误差,称为周期性变化的系统误差。例如,仪表指针的回转中心与刻度盘中心有偏心值 e 时,则指针在任一转角 φ 下由于偏心引起的读数误差 Δ_L 即为周期性系统误差 $\Delta_L = e\sin\varphi$。

(3)复杂规律变化的系统误差。在整个测量过程中,按确定的复杂规律变化的系统误差,称为复杂规律变化的系统误差。例如,微安表的指针偏转角与偏转力矩不能严格保持线性关系,而表盘仍采用均匀刻度所产生的误差等。

1.3.3.3 系统误差的减小和消除

提高测量精度的首要问题是发现系统误差。然而,造成系统误差的因素是复杂的,因此,目前对发现系统误差尚未有普遍适用的方法,只能根据具体测量过程和测量仪器进行全面仔细的分析,针对不同情况合理选择一种或几种方法加以校验,才能最终确定有无系统误差。恒定系统误差对每一测量值的影响均为相同常量,对误差分布范围的大小没有影响,但会使算术平均值产生偏移。通过对测量数据的观察分析,或用更高精度的测量仪器进行鉴别,可较容易地把这一误差分量分离出来并做修正。可变系统误差的大小和方向随测试时间或测量值的大小等因素按确定的函数规律变化。如果确切掌握了其规律性,则可以在测量结果中加以修正。

1. 查找某些系统误差的常用方法

(1)实验对比法。实验对比法主要用于查找固定系统误差。其基本策略是改变产生系统误差的条件,进行不同条件的测量。如量块按公称尺寸使用时,测量结果中就存在由量块尺寸偏差而产生的不变的系统误差,多次重复测量也不能发现这一误差,只有用高一级精度的量块进行对比才能发现。

(2)理论分析法。理论分析法主要通过定性分析来判断是否有系统误差。如分析仪器所要求的工作条件及实验所依据的理论公式要求的条件在测量过程中是否得到满足,如果这些要求没有得到满足,则测量过程必有系统误差。

(3)数据分析法。数据分析法主要通过定量分析来判断是否有系统误差。一般可采用残余误差观察法、残余误差校验法、不同公式计算标准差比较法、计算数据比较法、检验法及秩和检验法等。

2. 减小和消除系统误差的方法

在实际测量中,如果确定有系统误差存在,就必须进一步分析可能产生系统误差的因素,设法减小或消除系统误差。由于测量方法、测量对象、测量环境及测量人员不尽相同,因而没有一个普遍适用的方法来减小或消除系统误差,必须针对系统误差产生的原因采取相应的措施。

(1)从产生系统误差的根源上消除。从产生系统误差的根源上消除系统误差是最根本的方法。通过对实验过程中的各个环节进行认真仔细的分析,发现产生系统误差的各种因素。具体可以从以下几个方面入手采取措施:① 采用近似性较好又比较切合实际的理论公式,尽可能满足理论公式所要求的实验条件;② 选用能满足测量误差所要求的实验仪器装置,严格保证仪器设备所要求的测量条件;③ 采用多人合作、重复实验的方法。

(2)引入修正项消除系统误差。通过预先对仪器设备将要产生的系统误差进行分析计算,找出规律,从而找出相应的修正公式或修正值,对测量结果进行修正。

(3)采用能消除系统误差的方法进行测量。对于某种固定的或有规律变化的系统误差,可以采用以下方法予以消除:① 替代法,在测量过程中将被测量以等值的标准量进行替代;② 正负误差补偿法,通过改变实验中的某一条件,使恒定系统误差一次为正、一次为负,取两次的平均值;③ 换位抵消法,通过适当地安排测量,使产生恒定系统误差的因素以相反的方向影响结果。

此外,对称测量法、半周期偶数次测量法等也是比较有效的消除系统误差的测量方法。在实际测量中,采用什么方法要根据具体的实验情况及实验者的经验来决定。无论采用哪种方法都不可能完全将系统误差消除,只要将系统误差减小到测量误差要求允许的范围内,或者使系统误差对测量结果的影响小到可以忽略不计,就可以认为系统误差已被消除。

1.3.4 粗大误差

由于测量者在测量或计算时的粗心大意所造成的数值很大的误差,叫作粗大误差。粗大误差是明显超出规定条件下预期值的误差,也称疏忽误差或粗差。引起粗大误差的原因有错误读取示值,使用有缺陷的测量器具,测量仪器受外界振动或电磁等干扰而发生指示突跳,等等。是否存在粗大误差是衡量测量结果合格与否的标准。含有粗大误差的测量值是不能被使用的,因为它会明显地歪曲测量结果,从而导致错误的结论,故这种测量值也称异常值(坏值)。在进行误差分析时,要采用不包含粗大误差的测量结果,即所有的异常值都应当被剔除。因此,测量人员必须以严谨的科学态度,认真对待测量工作,杜绝粗大误差的产生。

在一列重复测量所得数据中,经修正系统误差后如有个别数据与其他数据有明显差异,则这些数值很可能含有粗大误差,称其为可疑数据,记为 x_a。根据随机误差理论,粗大误差出现的概率虽小但不为零,因此必须找出这些异常值,将其剔除。然而,在判别某个测量值是否含有粗大误差时需要做充分的分析研究,并根据选择的判别准则予以确定,因此要按相应的方法对数据进行预处理。预处理判别粗大误差的方法和准则有多种,具体有 3σ 准则、罗曼诺夫斯基准则、狄克松准则和格罗布斯准则等。其中,3σ 准则是常用的统计判断准则,罗曼诺夫斯基准则适用于测量数据较少的情况。

1.3.4.1 3σ 准则

假设数据只含有随机误差,对数据进行处理后可得到一标准差,按一定概率确定一个区间,凡超出这个区间的误差都不属于随机误差而是粗大误差,含有粗大误差的数据应予以剔除。这种判别处理原理及方法仅局限于对正态或近似正态分布的样本的数据处理。3σ 准则又称拉依达准则,进行判别计算时先以测得值 x_i 的平均值 $\bar{x}$ 代替真值,再以贝塞尔公式计算得到的标准差的 3 倍为准。以数据 x_d 为例,若求得残差 $v_d = |x_d - \bar{x}| > 3\sigma$,则此数据应予以剔除。

每剔除一次粗大误差数据后,剩下的数据要重新计算 σ 值,再以数值变少的新 σ 值作为判据,进一步判别数据中是否还存在粗大误差,直至无粗大误差数据为止。需要说明的是,3σ 准则以测量次数充分大为前提,当测量次数 $n \leq 10$ 时,用 3σ 准则去除粗大误差是不够可靠的。因此,在测量次数较少的情况下 3σ 准则不太适用。

1.3.4.2 粗大误差的消除

1. 合理选用判别准则

由上面的介绍可知,3σ准则适用于测量次数较多的情况。一般情况下,测量次数都比较少,因此用此方法判别,可靠性不高,但由于它使用简便,又不需要查表,故在要求不高时经常使用。对测量次数较少,而要求又较高的数列,应采用罗曼诺夫斯基准则。

2. 采用逐步剔除的方法

按前面介绍的判别准则,若判别出测量数列中有两个以上测量值含有粗大误差时,只能首先剔除含有最大误差的测量值,然后重新计算测量数列的算术平均值及标准差,再对剩余的测量值进行判别,依此进行逐步剔除,直至所有测量值都不再含有粗大误差。

在实际测量过程中,为保证尽量预防和避免粗大误差,测量者应做到:① 加强工作责任心,以严谨的科学态度对待测量工作;② 保证测量条件的稳定,避免在外界条件发生激烈变化时进行测量;③ 根据粗大误差的判别准则剔除含有粗大误差的数据。

1.3.5 误差的合成

任何测量结果都包含一定的测量误差,这是测量过程中各个环节一系列误差因素共同作用的结果。如何正确分析和综合这些误差因素,并正确地表述这些误差的综合影响,是误差合成所要研究的基本内容。

1.3.5.1 函数误差

在间接测量过程中,被测量的量值不能直接由测试设备获得,或者通过直接测量很难保证测量精度,需要通过所测得的数值与被测量的数值间的函数关系经过运算而获得。同样,间接测量误差也是各个直接测得值误差的函数,故将间接测量量的误差称为函数误差。研究函数误差的实质就是研究误差传递问题。如大直径的测量,很难直接测得直径,可以通过测量周长后除以圆周率来求得;也可以先测量弓高和弦长,然后通过函数式计算求得。当测量周长、弓高和弦长时,测得值都含有误差,那么,求得的直径的误差是多少? 这一问题要用到函数误差的计算知识才能解决。函数误差的处理实质上是间接测量量误差的处理,也就是误差的合成。

间接测量中,测量结果一般为直接测量量的多元函数,表达式为

$$y = f(x_1, x_2, \cdots, x_n) \tag{1-8}$$

其中,$x_1, x_2, \cdots, x_n$ 为直接测量量,y 为通过函数计算获得的间接测量量。

由数学知识可知,多元函数的增量可用函数的全微分表述,即

$$\mathrm{d}y = \frac{\partial f}{\partial x_1}\mathrm{d}x_1 + \frac{\partial f}{\partial x_2}\mathrm{d}x_2 + \cdots + \frac{\partial f}{\partial x_n}\mathrm{d}x_n \tag{1-9}$$

若直接测量量的误差为 $\Delta x_1, \Delta x_2, \cdots, \Delta x_n$,由于这些误差都很小,可以近似等于微分量,则可近似求得函数的误差 Δy,即

$$\Delta y = \frac{\partial f}{\partial x_1}\Delta x_1 + \frac{\partial f}{\partial x_2}\Delta x_2 + \cdots + \frac{\partial f}{\partial x_n}\Delta x_n \tag{1-10}$$

其中 $\partial f/\partial x_i$ 为各测量量的误差传递函数。

采用式(1-10)可以计算间接测量量的误差。

1.3.5.2 函数的随机误差计算

随机误差是多次测量结果中讨论的问题。间接测量过程中要对相关量(函数的各个变量)进行直接测量,为提高测量精度,可对这些量进行等精度的多次重复测量,求得其随机误差的分布范围(用标准差的某一倍数表示)。此时,若要得到间接测量值(多元函数的值)的随机误差分布,便要进行函数随机误差的计算,最终求得测量结果(函数值)的标准差或极限误差。

对 n 个变量各测量 N 次,其函数的随机误差与各变量的随机误差关系经推导可得

$$\begin{aligned}\sum_{i=1}^{N} \delta_{y_i}^2 &= \left(\frac{\partial f}{\partial x_1}\right)^2 (\delta_{x_{11}}^2 + \delta_{x_{12}}^2 + \delta_{x_{13}}^2 + \cdots + \delta_{x_{1N}}^2) + \\ &\quad \left(\frac{\partial f}{\partial x_2}\right)^2 (\delta_{x_{21}}^2 + \delta_{x_{22}}^2 + \delta_{x_{23}}^2 + \cdots + \delta_{x_{2N}}^2) + \cdots + \\ &\quad \left(\frac{\partial f}{\partial x_n}\right)^2 (\delta_{x_{n1}}^2 + \delta_{x_{n2}}^2 + \delta_{x_{n3}}^2 + \cdots + \delta_{x_{nN}}^2) + \\ &\quad 2\sum_{1 \leq i \leq j}^{n} \sum_{m=1}^{N} \left(\frac{\partial f}{\partial x_i}\frac{\partial f}{\partial x_j}\delta_{x_{im}}\delta_{x_{jm}}\right) \end{aligned} \tag{1-11}$$

由此可得标准差的表达式为

$$\sigma_y^2 = \left(\frac{\partial f}{\partial x_1}\right)^2 \sigma_{x_1}^2 + \left(\frac{\partial f}{\partial x_2}\right)^2 \sigma_{x_2}^2 + \cdots + \left(\frac{\partial f}{\partial x_n}\right)^2 \sigma_{x_n}^2 +$$

$$2\sum_{1 \leq i \leq j}^{n}\left(\frac{\partial f}{\partial x_i}\frac{\partial f}{\partial x_j}\frac{\sum_{m=1}^{N}\delta_{x_{im}}\delta_{x_{jm}}}{N}\right) \qquad (1-12)$$

若定义

$$K_{ij} = \frac{\sum_{m=1}^{N}\delta_{x_{im}}\delta_{x_{jm}}}{N} \qquad (1-13)$$

$$\rho_{ij} = \frac{K_{ij}}{\sigma_{x_i}\sigma_{x_j}} \qquad (1-14)$$

则函数随机误差的计算公式为

$$\sigma_y^2 = \left(\frac{\partial f}{\partial x_1}\right)^2\sigma_{x_1}^2 + \left(\frac{\partial f}{\partial x_2}\right)^2\sigma_{x_2}^2 + \cdots + \left(\frac{\partial f}{\partial x_n}\right)^2\sigma_{x_n}^2 +$$

$$2\sum_{1 \leq i \leq j}^{n}\left(\frac{\partial f}{\partial x_i}\frac{\partial f}{\partial x_j}\rho_{ij}\sigma_{x_i}\sigma_{x_j}\right) \qquad (1-15)$$

其中，ρ_{ij} 为第 i 个测量值和第 j 个测量值之间的误差相关系数，$\partial f/\partial x_i$ 为各个测量值的误差传递系数。

若各直接测得值的随机误差是相互独立的，且 N 适当大时，相关系数为零，则有

$$\sigma_y^2 = \left(\frac{\partial f}{\partial x_1}\right)^2\sigma_{x_1}^2 + \left(\frac{\partial f}{\partial x_2}\right)^2\sigma_{x_2}^2 + \cdots + \left(\frac{\partial f}{\partial x_n}\right)^2\sigma_{x_n}^2 \qquad (1-16)$$

即

$$\sigma_y = \sqrt{\left(\frac{\partial f}{\partial x_1}\right)^2\sigma_{x_1}^2 + \left(\frac{\partial f}{\partial x_2}\right)^2\sigma_{x_2}^2 + \cdots + \left(\frac{\partial f}{\partial x_n}\right)^2\sigma_{x_n}^2} \qquad (1-17)$$

当各测量值随机误差为正态分布时，用极限误差代替标准差即可得到极限误差的关系为

$$\delta_{\lim,y} = \pm\sqrt{\left(\frac{\partial f}{\partial x_1}\right)^2\delta_{\lim,x_1}^2 + \left(\frac{\partial f}{\partial x_2}\right)^2\delta_{\lim,x_2}^2 + \cdots + \left(\frac{\partial f}{\partial x_n}\right)^2\delta_{\lim,x_n}^2} \qquad (1-18)$$

1.3.5.3 随机误差的合成

解决随机误差的合成问题一般用基于标准差合成的方法，同时考虑误差传递系数以及各误差之间的相关性影响。以下根据已知各误差分量的标准差，或已知各误差分量的极限误差，分为标准差合成与极限误差合成两种情形来进行讨论。

1. 标准差合成

全面分析测量过程中影响测量结果的各个误差因素，若有 l 个单项随机误差，它

们的标准差分别为 $\sigma_1,\sigma_2,\cdots,\sigma_l$，相应的误差传递函数为 $a_1,a_2,\cdots,a_l$。根据对随机变量函数求方差的运算法则,合成标准差为

$$\sigma = \sqrt{\sum_{i=1}^{l}(a_i\sigma_i)^2 + 2\sum_{1\leq i\leq j}^{l}\rho_{ij}a_ia_j\sigma_i\sigma_j} \qquad (1-19)$$

若各误差互不相关,即相关系数 $\rho_{ij}=0$，则合成标准差可写为

$$\sigma = \sqrt{\sum_{i=1}^{l}(a_i\sigma_i)^2} \qquad (1-20)$$

用标准差进行合成有明显的优点,不仅简单方便,而且无论各单项随机误差的概率分布如何,只要给出各个标准差,均可计算出总的标准差。特别是,当误差传递系数均为 1 且各相关系数均可视为 0 时,则有

$$\sigma = \sqrt{\sum_{i=1}^{l}\sigma_i^2} \qquad (1-21)$$

2. 极限误差合成

在测量实践中,各单项随机误差和测量结果的总误差也常以极限误差的形式表示,因此极限误差的合成也较常见。设各单项极限误差分别为

$$\delta_i = \pm k_i\sigma_i \quad (i=1,2,\cdots,l) \qquad (1-22)$$

其中,σ_i 为各单项随机误差的标准差,k_i 为各单项极限误差的置信系数。记合成极限误差为

$$\delta = \pm k\sigma \qquad (1-23)$$

其中,σ 为合成标准差,k 为合成极限误差的置信系数。

综合式(1-22)、式(1-23)和式(1-19)可得

$$\delta = \pm k\sqrt{\sum_{i=1}^{l}\left(\frac{a_i\delta_i}{k_i}\right)^2 + 2\sum_{1\leq i\leq j}^{l}\rho_{ij}a_ia_j\frac{\delta_i}{k_i}\frac{\delta_j}{k_j}} \qquad (1-24)$$

可见,根据已知的各单项极限误差和所选取的各置信系数,即可进行极限误差的合成。但必须注意,各置信系数 k 不仅与置信概率有关,而且与随机误差的分布有关。对于分布相同的误差,选定相同的置信概率,其相应的各置信系数相同;对于分布不同的误差,选定相同的置信概率,其相应的各置信系数也不相同。因此,置信系数一般不相同。仅当各单项随机误差均服从正态分布,而且各单项误差的数目 l 较多、各项误差大小相近且不相关时,合成的总误差接近于正态分布,才可认为置信系数相等,此时

$$\delta = \pm \sqrt{\sum_{i=1}^{l}(a_i\delta_i)^2 + 2\sum_{1\leq i\leq j}^{l}\rho_{ij}a_ia_j\delta_i\delta_j} \qquad (1-25)$$

如果相关系数为零,传递函数为1,则

$$\delta = \pm \sqrt{\sum_{i=1}^{l}\delta_i^2} \qquad (1-26)$$

可见,式(1-26)的形式十分简单。由于各单项误差大多服从正态分布或近似服从正态分布,而且它们之间常是不相关或近似不相关,因此式(1-26)是较为广泛使用的极限误差合成公式。但是,应当注意其使用条件。

1.3.5.4 系统误差的合成

系统误差具有确定的变化规律,不论其变化规律如何,根据对系统误差的掌握程度,可将其分为已定系统误差和未定系统误差。由于这两种系统误差的特征不同,故合成方法也不同。对于前者,在处理测量结果时可根据各单项系统误差和其传递系数,按代数和法进行合成;而对于后者,大多可估计出其可能范围,视为随机误差进行合成。具体处理过程如下:

1. 已定系统误差的合成

已定系统误差指误差的大小和符号均已确切掌握了的系统误差。在测量过程中,若有 n 个单项已定系统误差,其误差分别为 $\Delta_1, \Delta_2, \cdots, \Delta_n$,相应的误差传递系数分别为 $a_1, a_2, \cdots, a_n$,则总的已定系统误差为

$$\Delta y = \sum_{i=1}^{n} a_i \Delta_i \qquad (1-27)$$

在实际测量中,一般先消除测量过程中的已定系统误差。由于某种原因未予消除的已定系统误差也只是少数几项,将其进行合成后,也必须对测量结果进行修正,所以最后的测量结果中不应再包含已定系统误差。

2. 未定系统误差的合成

由于未定系统误差的取值具有一定的随机性,服从一定的概率分布,因而若干项未定系统误差综合作用时,它们之间就具有一定的抵偿作用。这种抵偿作用与随机误差的抵偿作用相似,因此未定系统误差的合成完全可以采用随机误差的合成公式,这给测量结果的处理带来了很大方便。对于某一项误差,当难以严格区分是随机误差还是未定系统误差时,不论做哪种误差处理,误差合成的效果都是相同的。一般情况下,已定系统误差经修正后,影响测量过程的总误差只需要考虑未定系统误差与随机误差的合成。总误差可用标准差来表示,也可用极限误差来表示。

(1) 标准差合成。若测量过程中有 l 个单项随机误差、r 个单项未定系统误差,它们的标准差分别为 $\sigma_1, \sigma_2, \cdots, \sigma_l$ 和 $s_1, s_2, \cdots, s_r$。假设各误差传递系数为 1,则测量结果的总标准差为

$$\sigma = \sqrt{\sum_{i=1}^{l} \sigma_i^2 + \sum_{j=1}^{r} s_j^2 + R} \qquad (1-28)$$

其中 R 为各误差间协方差之和。

当各误差互不相关时,测量结果的总标准差为

$$\sigma = \sqrt{\sum_{i=1}^{l} \sigma_i^2 + \sum_{j=1}^{r} s_j^2} \qquad (1-29)$$

对于单次测量,可直接用式(1-29)求得最后结果的总标准差;而对于 n 次重复测量,测量结果平均值的标准差公式为

$$\sigma = \sqrt{\frac{1}{n}\sum_{i=1}^{l} \sigma_i^2 + \sum_{j=1}^{r} s_j^2} \qquad (1-30)$$

(2) 极限误差合成。若测量过程中有 l 个单项随机误差、r 个单项未定系统误差,它们的极限误差分别为 $\delta_1, \delta_2, \cdots, \delta_l$ 和 $e_1, e_2, \cdots, e_r$。为计算方便,设各误差的传递系数均为 1,则测量结果的总极限误差为

$$\delta_y = \pm k \sqrt{\sum_{j=1}^{l} \left(\frac{\delta_j}{k_j}\right)^2 + \sum_{h=1}^{r} \left(\frac{e_h}{k_h}\right)^2 + R} \qquad (1-31)$$

其中 R 为各误差间协方差之和。

当各误差服从正态分布,且互不相关时,式(1-31)可简化为

$$\delta_y = \pm \sqrt{\sum_{j=1}^{l} \delta_j^2 + \sum_{h=1}^{r} e_h^2} \qquad (1-32)$$

综上所述,在单次测量的误差合成中,无须严格区分各个单项误差是未定系统误差还是随机误差;而在多次重复测量的总误差合成中,则必须严格区分各个单项误差的性质。

总的来说,误差合成一般按以下原则进行处理:① 已定系统误差按代数和法进行合成;② 随机误差按方和根法进行合成;③ 未定系统误差一般按随机误差合成方法与随机误差一起处理。

影响测量误差的因素有诸多方面,在进行误差合成时,应全面考虑,逐一分析。通常可以按系统误差和随机误差各自的一般误差传递公式进行计算。

在进行误差合成时,应根据具体情况采用不同的误差处理方法。但任何事情都

不是绝对的、孤立的,系统误差和随机误差是可以转化的。某些系统误差可以按随机误差处理,常把不易掌握的具有复杂规律的系统误差看作随机误差,也可以把某些虽可掌握但过于复杂的系统误差按随机误差处理,使系统误差随机化。

1.4 最佳测量方案的确定

在测量过程中,当测量结果与多个测量因素有关时采用什么方法确定各个因素,才能使测量结果的误差最小,这就是最佳测量方案的确定问题。

在实际测量中,总是希望测量的精度越高越好。由于在测量过程中受到各种条件因素和随机因素的影响,所获得的测量值一般含有系统误差和随机误差。其中,已定系统误差是由各个确定因素的影响产生的,由已定系统误差的合成可确定测量值中系统误差的大小,可进一步采取适当的措施进行补偿、消除或修正;未定系统误差则表现出随机误差的特征,可按随机误差处理;对于随机误差,则由随机误差的合成可知测量值的变动范围,可用数理统计方法研究随机误差对测量结果的影响。为便于介绍最佳测量方案确定的基本原理,这里只介绍确定间接测量中使函数误差为最小的最佳测量方案的各种途径。这些途径同样也适用于其他情况的测量。

根据函数的标准差表达式

$$\sigma_y = \sqrt{\left(\frac{\partial f}{\partial x_1}\right)^2 \sigma_{x_1}^2 + \left(\frac{\partial f}{\partial x_2}\right)^2 \sigma_{x_2}^2 + \cdots + \left(\frac{\partial f}{\partial x_n}\right)^2 \sigma_{x_n}^2} \qquad (1-33)$$

如果要使 σ_y 取最小值,则可以从以下几方面着手:

(1) 选择最佳的函数误差公式。由函数的标准差表达式可知,一般情况下,间接测量中误差项数越少,函数误差也会越小,即直接测量值的数目越少,函数误差也就会越小。因此,在间接测量中,如果可由不同的函数公式来表示,则应选取包含直接测量值最少的函数公式。若不同的函数公式所包含的直接测量值数目相同,则应选取误差较小的直接测量值的函数公式。如测量零件几何尺寸时,在相同的测量条件下,测量内尺寸的误差要比测量外尺寸的误差大,因此测量时,应尽可能选择测量外尺寸的函数公式。

(2) 使误差传递系数尽量小。由函数误差公式可知,若使各个测量值对函数的误差传递系数 $\partial f/\partial x_i$ 为零或为最小,则函数误差可相应减小。

根据这个原则,在某些测量实践中,尽管有时不可能达到使误差传递系数等于零的测量条件,但却指出了达到最佳测量方案的趋向。

参考资料

[1] 费业泰.误差理论与数据处理[M].北京:机械工业出版社,1981.
[2] 滕敏康.实验误差与数据处理[M].南京:南京大学出版社,1989.
[3] 梁昌洪.从实验数据处理谈起[M].西安:西安电子科技大学出版社,1996.

第 2 章 数据的拟合

数据收集结束后,需要进一步研究数据背后的物理规律、物理参数和数据趋势等相关特性,进而深入分析研究对象的性质。测试结果为变量之间的特征关系,通常变量间的关系可以分为相关和不相关两大类。相关变量之间的关系又可分为两种类型,即函数关系和相关关系。

变量之间存在着完全确定的关系,即对于一个确定的 x 或一组 $x_i(i=1,2,\cdots,n)$,有一个 y 或一组 $y_i(i=1,2,\cdots,n)$ 与之有完全确定的关系,称为函数关系。变量之间虽有一定关系,但由于测量中的随机误差,以及一些偶然因素的综合影响,造成变量之间关系存在不同程度的不确定性,使它们之间没有一一对应的确定关系;但从统计意义上看,它们之间仍存在着规律性的关系,这种变量之间的关系称为相关关系。虽然函数关系和相关关系存在着明显的区别,但随着条件的改变,相互可以转化。因为,一方面存在相关关系的两个变量,在一定条件下,它们之间可能存在某种确定的函数关系;另一方面,由于测量误差的存在,在实验测量中,一些本来存在函数关系的变量之间会呈现一定的不确定性,转化为相关关系。

用数理统计的方法去处理相关关系,可寻找它们之间合适的数学表达式,即拟合方程,也称回归方程。这种对实验数据采用一定的统计方法,进行直线或曲线拟合,寻找经验公式的拟合分析方法,也称回归分析方法。

常用的拟合分析方法是最小二乘法及最大似然估计法,两者处理问题的角度不同,但对于正态分布的数据,其结果是一致的。一般情况下,最小二乘估计并不是参数的最大似然估计,但在样本容量很大时,如果用最大似然法作参数估计,其计算工作量繁重,这时可以近似地用最小二乘法进行估计。因此,本章着重介绍用最小二乘法作参数估计。

在实验数据处理中,经常需要根据两个量的一批测量数据 (x_i,y_i) 来寻找这两个

量 Y 与 X 之间合适的函数关系式 $Y=f(X)$。这些问题又有两种类型：① 变量 Y 和 X 间的函数形式可以根据理论分析或以往的经验来确定，但其中的一些参数是未知的，有待通过实验测量的数据来确定。② 变量 Y 和 X 间的具体函数形式还没有明确确定，数据拟合处理的过程中需要确定函数形式及其中的参数。

2.1 最小二乘法

1801 年，意大利天文学家皮亚齐发现了第一颗小行星谷神星。经过 40 天的跟踪观测后，由于谷神星运行至太阳背后，皮亚齐无法进一步确定其位置。随后全世界的科学家开始利用皮亚齐的观测数据寻找谷神星的运行轨道，但是大多数人都失败了。时年 24 岁的高斯采用最小二乘法对数据进行拟合，计算出了谷神星的轨道。奥地利天文学家奥尔伯斯根据高斯计算出来的轨道重新发现了谷神星。由此可见，最小二乘法在数据拟合和研究变量之间关系方面非常有优势。

2.1.1 最小二乘法基本原理

设 Y 和 X 两物理量之间的函数关系为

$$Y = f(X; a_1, a_2, \cdots, a_k) \tag{2-1}$$

假定两者之间的函数关系式 f 已知，但其中 $a_1, a_2, \cdots, a_k$ 等参数待求。假设 X 和 Y 有一批测量数据 (x_i, y_i)，y_i 的标准差为 $\sigma_i (i=1,2,\cdots,n)$。现在要利用这批数据在一定法则下计算出参数 $a_1, a_2, \cdots, a_k$。

在实际测量中，这两个物理量中总有一个量的测量精度比另一个高得多，其测量误差可以忽略。把可忽略误差的测量量选作自变量 X，其测量值 x_i 就可以看作 X 的准确值。而对应于某个 x_i 的 Y 测量值 y_i 则有误差，故 Y 的测量误差为

$$\Delta_i = y_i - y_0 \quad (i=1,2,\cdots,n) \tag{2-2}$$

其中 y_0 表示对应于 x_i 的 Y 变量真值。

为给出参数 $a_1, a_2, \cdots, a_k$ 的拟合值 $\hat{a}_1, \hat{a}_2, \cdots, \hat{a}_k$，可应用最小二乘法。它的准则是所选取的参数拟合值 $\hat{a}_1, \hat{a}_2, \cdots, \hat{a}_k$ 应使变量 Y 的诸测量值 y_i 与其真值的拟合值

$$\hat{y}_i = f(x_i; \hat{a}_1, \hat{a}_2, \cdots, \hat{a}_k) \tag{2-3}$$

之差的加权平方和为最小。

最小二乘准则的数学表达式为

$$R = \sum_{i=1}^{n} w_i v_i^2 = \sum_{i=1}^{n} w_i [y_i - f(x_i; \hat{a}_1, \hat{a}_2, \cdots, \hat{a}_k)]^2 = \min \qquad (2-4)$$

其中,v_i 为残差,即 $v_i = y_i - \hat{y}_i = y_i - f(x_i; \hat{a}_1, \hat{a}_2, \cdots, \hat{a}_k)$,$w_i$ 为测量值 y_i 的权重因子。$w_i = \sigma^2/\hat{\sigma}_i^2$,其中,$\hat{\sigma}_i$ 是测量值 y_i 的标准差,σ^2 为任选的正的常数,即单位权方差。

满足最小二乘准则的参数值 $\hat{a}_1, \hat{a}_2, \cdots, \hat{a}_k$ 可以通过对 R 求一阶导数得到,即

$$\frac{\partial R}{\partial \hat{a}_i} = 0 \qquad (2-5)$$

即

$$\frac{\partial}{\partial \hat{a}_j} \sum_{i=1}^{n} w_i v_i^2 = 2 \sum_{i=1}^{n} w_i v_i \frac{\partial v_i}{\partial \hat{a}_j} = 0 \quad (j=1,2,\cdots,k) \qquad (2-6)$$

将 $v_i = y_i - \hat{y}_i = y_i - f(x_i; \hat{a}_1, \hat{a}_2, \cdots, \hat{a}_k)$ 带入式(2-6)可得

$$\sum_{i=1}^{n} w_i [y_i - f(x_i; \hat{a}_1, \hat{a}_2, \cdots, \hat{a}_k)] \frac{\partial f(x_i; \hat{a}_1, \hat{a}_2, \cdots, \hat{a}_k)}{\partial \hat{a}_j} = 0 \quad (j=1,2,\cdots,k) \quad (2-7)$$

从而解出参数的最小二乘估计值 $\hat{a}_1, \hat{a}_2, \cdots, \hat{a}_k$。

如果 $y = f(x; a_1, a_2, \cdots, a_k)$ 是参数 $a_j(j=1,2,\cdots,k)$ 的线性函数,则由最小二乘法推算得到的正规方程是未知参数 $a_j(j=1,2,\cdots,k)$ 的线性联立方程组,可以直接解出参数 $a_j(j=1,2,\cdots,k)$。一般情况下是参数 $a_j(j=1,2,\cdots,k)$ 的非线性方程组,不能直接求解。但数学上可以将函数 $f(x; a_1, a_2, \cdots, a_k)$ 对参数 $a_j(j=1,2,\cdots,k)$ 选取的初值作泰勒展开,使正规方程(2-7)线性化,再用逐次迭代法求解。

最小二乘法基本原理即通过最小化误差的平方和来寻找数据的最佳函数匹配。利用最小二乘法可以简便地求得未知的数据,并使得这些求得的数据与实际数据之间误差的平方和为最小,该方法可用于数据曲线的拟合和参数的优化。

2.1.2 最小二乘法与最大似然法

假定误差 Δ_i 服从正态分布 $N(0, \sigma_i)$,因此,出现误差 Δ_i 或者说出现测量值 y_i 的概率密度函数为

$$\varphi(\Delta_i) = \varphi(y_i) = \frac{1}{\sqrt{2\pi}\sigma_i} \exp\left(-\frac{\Delta_i^2}{2\sigma_i^2}\right)$$

$$= \frac{1}{\sqrt{2\pi}\sigma_i} \exp\left\{-\frac{1}{2}\left[\frac{y_i - f(x_i; a_1, a_2, \cdots, a_k)}{\sigma_i}\right]^2\right\} \qquad (2-8)$$

在 n 次独立测量中,分别得到了 n 个误差 $\Delta_i(i=1,2,\cdots,n)$,则误差 $\Delta_1, \Delta_2, \cdots$,

Δ_n 的似然函数为

$$L = \prod_{i=1}^{n} \varphi(\Delta_i) = \prod_{i=1}^{n} \frac{1}{\sqrt{2\pi}\sigma_i} \exp\left(-\frac{\Delta_i^2}{2\sigma_i^2}\right)$$

$$= \frac{1}{(2\pi)^{n/2}\sigma_1\sigma_2\cdots\sigma_n} \exp\left\{-\frac{1}{2}\sum_{i=1}^{n}\left[\frac{y_i - f(x_i;a_1,a_2,\cdots,a_k)}{\sigma_i^2}\right]^2\right\} \quad (2-9)$$

参数 $a_j(j=1,2,\cdots,k)$ 的最大似然估计值 $\hat{a}_j(j=1,2,\cdots,k)$ 使似然函数取最大值，式(2-9)的似然函数取最大值等价于

$$\sum_{i=1}^{n} \frac{\sigma^2}{\sigma_i^2}[y_i - f(x_i;\hat{a}_1,\hat{a}_2,\cdots,\hat{a}_k)]^2 = \min \quad (2-10)$$

上面的分析说明，对于正态分布，参数的最小二乘拟合值和最大似然拟合值是一致的。

2.2 线性参数的最小二乘拟合

2.2.1 直线拟合

设 Y 与 X 两变量具有线性关系，即

$$Y = a + bX \quad (2-11)$$

其中 a 和 b 是需拟合的两个参数。现有 X 和 Y 的 n 组测量值 $(x_i,y_i)(i=1,2,\cdots,n)$，如何应用最小二乘法估计 a 和 b 的值。

假定 X 和 Y 两个量中 X 的测量误差远小于 Y 的测量误差，因此将 X 看作自变量。

假定测量是等精度的，则 Y 的各测量值 y_i 相互独立且服从正态分布 $N(y_{0i},\sigma_y)$，y_{0i} 是 y_i 的真值，σ_y 为标准差。

按照最小二乘法所求得的参数 a 和 b 的拟合值 $\hat{a}$ 和 $\hat{b}$ 应满足式(2-4)。因为是等精度测量，所以其中 $w_i = 1(i=1,2,\cdots,n)$，因此

$$R = \sum_{i=1}^{n} w_i v_i^2 = \sum_{i=1}^{n} [y_i - (\hat{a} + \hat{b}x_i)]^2 = \min \quad (2-12)$$

由式(2-12)对 $\hat{a}$ 和 $\hat{b}$ 求偏导后得正规方程

$$\left. \begin{array}{l} \hat{a}n + \hat{b}\sum_{i=1}^{n} x_i = \sum_{i=1}^{n} y_i \\ \hat{a}\sum_{i=1}^{n} x_i + \hat{b}\sum_{i=1}^{n} x_i^2 = \sum_{i=1}^{n} x_i y_i \end{array} \right\} \quad (2-13)$$

由方程(2-13)可以计算出 $\hat{a}$ 和 $\hat{b}$ 的值为

$$\hat{a} = \frac{\begin{vmatrix} \sum_{i=1}^{n} y_i & \sum_{i=1}^{n} x_i \\ \sum_{i=1}^{n} x_i y_i & \sum_{i=1}^{n} x_i^2 \end{vmatrix}}{\begin{vmatrix} n & \sum_{i=1}^{n} x_i \\ \sum_{i=1}^{n} x_i & \sum_{i=1}^{n} x_i^2 \end{vmatrix}} = \frac{\sum_{i=1}^{n} y_i \sum_{i=1}^{n} x_i^2 - \sum_{i=1}^{n} x_i \sum_{i=1}^{n} x_i y_i}{n \sum_{i=1}^{n} x_i^2 - (\sum_{i=1}^{n} x_i)^2} \quad (2-14)$$

$$\hat{b} = \frac{\begin{vmatrix} n & \sum_{i=1}^{n} y_i \\ \sum_{i=1}^{n} x_i & \sum_{i=1}^{n} x_i y_i \end{vmatrix}}{\begin{vmatrix} n & \sum_{i=1}^{n} x_i \\ \sum_{i=1}^{n} x_i & \sum_{i=1}^{n} x_i^2 \end{vmatrix}} = \frac{n \sum_{i=1}^{n} x_i y_i - \sum_{i=1}^{n} x_i \sum_{i=1}^{n} y_i}{n \sum_{i=1}^{n} x_i^2 - (\sum_{i=1}^{n} x_i)^2} \quad (2-15)$$

定义参数

$$\bar{x} = \frac{1}{n} \sum_{i=1}^{n} x_i \quad (2-16)$$

$$\bar{y} = \frac{1}{n} \sum_{i=1}^{n} y_i \quad (2-17)$$

$$L_x^2 = \sum_{i=1}^{n} (x_i - \bar{x})^2 \quad (2-18)$$

$$L_y^2 = \sum_{i=1}^{n} (y_i - \bar{y})^2 \quad (2-19)$$

$$L_{xy} = \sum_{i=1}^{n} (x_i - \bar{x})(y_i - \bar{y}) \quad (2-20)$$

将式(2-16)至式(2-20)带入式(2-14)和式(2-15),可得

$$\hat{a} = \bar{y} - \hat{b}\bar{x} \quad (2-21)$$

$$\hat{b} = \frac{\sum_{i=1}^{n} (x_i - \bar{x})(y_i - \bar{y})}{\sum_{i=1}^{n} (x_i - \bar{x})^2} = \frac{L_{xy}}{L_x^2} \quad (2-22)$$

除此之外,最小二乘法还可以采用矩阵-向量形式进行描述和运算。设有关的矩阵或向量为

$$Y = \begin{pmatrix} y_1 \\ y_2 \\ \vdots \\ y_n \end{pmatrix} \quad (2-23)$$

$$X = \begin{pmatrix} 1 & x_1 \\ 1 & x_2 \\ \vdots & \vdots \\ 1 & x_n \end{pmatrix} \quad (2-24)$$

$$\hat{A} = \begin{pmatrix} \hat{a} \\ \hat{b} \end{pmatrix} \quad (2-25)$$

$$V = \begin{pmatrix} v_1 \\ v_2 \\ \vdots \\ v_n \end{pmatrix} = \begin{pmatrix} y_1 - (\hat{a} + \hat{b}x_1) \\ y_2 - (\hat{a} + \hat{b}x_2) \\ \vdots \\ y_n - (\hat{a} + \hat{b}x_n) \end{pmatrix} = Y - X\hat{A} \quad (2-26)$$

则残差平方和 R 可以写为

$$R = \sum_{i=1}^{n} v_i^2 = V^T V \quad (2-27)$$

其中 V^T 是 V 的转置向量。

方程(2-13)可以写为

$$X^T X \hat{A} = X^T Y \quad (2-28)$$

将上面的参数带入矩阵计算中,可以更加清楚地阐释矩阵计算与正规方程之间的关系,即

$$X^T X = \begin{pmatrix} 1 & 1 & \cdots & 1 \\ x_1 & x_2 & \cdots & x_n \end{pmatrix} \begin{pmatrix} 1 & x_1 \\ 1 & x_2 \\ \vdots & \vdots \\ 1 & x_n \end{pmatrix} = \begin{pmatrix} n & \sum_{i=1}^{n} x_i \\ \sum_{i=1}^{n} x_i & \sum_{i=1}^{n} x_i^2 \end{pmatrix} \quad (2-29)$$

$$X^{\mathrm{T}}Y = \begin{pmatrix} 1 & 1 & \cdots & 1 \\ x_1 & x_2 & \cdots & x_n \end{pmatrix} \begin{pmatrix} y_1 \\ y_2 \\ \vdots \\ y_n \end{pmatrix} = \begin{pmatrix} \sum_{i=1}^{n} y_i \\ \sum_{i=1}^{n} x_i y_i \end{pmatrix} \quad (2-30)$$

$$X^{\mathrm{T}}X\hat{A} = \begin{pmatrix} n & \sum_{i=1}^{n} x_i \\ \sum_{i=1}^{n} x_i & \sum_{i=1}^{n} x_i^2 \end{pmatrix} \begin{pmatrix} \hat{a} \\ \hat{b} \end{pmatrix}$$

$$= \begin{pmatrix} \hat{a}n + \hat{b}\sum_{i=1}^{n} x_i \\ \hat{a}\sum_{i=1}^{n} x_i + \hat{b}\sum_{i=1}^{n} x_i^2 \end{pmatrix} = \begin{pmatrix} \sum_{i=1}^{n} y_i \\ \sum_{i=1}^{n} x_i y_i \end{pmatrix} = X^{\mathrm{T}}Y \quad (2-31)$$

式(2-31)与方程(2-13)的表达式一致,表明矩阵表达式与正规方程表达式具有一致性,采用矩阵表达式可更简便地计算相应的参数值,在参数运算中具有一定的优势。

从式(2-31)可知,正规方程(2-13)的解 $\hat{A}$ 可表示为

$$\hat{A} = (X^{\mathrm{T}}X)^{-1} X^{\mathrm{T}}Y \quad (2-32)$$

2.2.2　一般线性参数方程

假定变量 Y 和 k 个变量 $X_j(j=1,2,\cdots,k)$ 通过 k 个参数 $a_j(j=1,2,\cdots,k)$ 相关,且有如下的线性关系

$$Y = a_1 X_1 + a_2 X_2 + \cdots + a_k X_k = \sum_{i=1}^{k} a_j X_j \quad (2-33)$$

如果有 n 组测量数值 $(y_i; x_{i1}, x_{i2}, \cdots, x_{ik})(i=1,2,\cdots,n)$,也可采用最小二乘法计算 k 个参数 $a_j(j=1,2,\cdots,k)$ 的数值。

假定 y_i 服从正态分布,各个测量值 y_i 的标准差为 σ_i,且各测量值之间相互独立。此时,各测量值相应的权 ω_i 为

$$\omega_i = \frac{\sigma^2}{\sigma_i^2} \quad (i=1,2,\cdots,n) \quad (2-34)$$

其中 σ^2 是任意常数,即单位权方差。

按照最小二乘法求出 a_j 的拟合值 $\hat{a}_j$,即需要满足

$$R = \sum_{i=1}^{n} \omega_i v_i^2 = \sum_{i=1}^{n} \omega_i (y_i - \sum_{j=1}^{k} x_{ij} \hat{a}_j)^2 = \min$$

对其求微分可以得到正规方程

$$\sum_{i=1}^{n} \omega_i x_{ij} (y_i - \sum_{j=1}^{k} x_{ij} \hat{a}_j) = 0 \quad (j = 1, 2, \cdots, k) \tag{2-35}$$

将其展开可得

$$\left. \begin{array}{l} \hat{a}_1 \sum_{i=1}^{n} \omega_i x_{i1}^2 + \hat{a}_2 \sum_{i=1}^{n} \omega_i x_{i1} x_{i2} + \cdots + \hat{a}_k \sum_{i=1}^{n} \omega_i x_{i1} x_{ik} = \sum_{i=1}^{n} \omega_i x_{i1} y_i \\ \hat{a}_1 \sum_{i=1}^{n} \omega_i x_{i2} x_{i1} + \hat{a}_2 \sum_{i=1}^{n} \omega_i x_{i2}^2 + \cdots + \hat{a}_k \sum_{i=1}^{n} \omega_i x_{i2} x_{ik} = \sum_{i=1}^{n} \omega_i x_{i2} y_i \\ \vdots \\ \hat{a}_1 \sum_{i=1}^{n} \omega_i x_{ik} x_{i1} + \hat{a}_2 \sum_{i=1}^{n} \omega_i x_{ik} x_{i2} + \cdots + \hat{a}_k \sum_{i=1}^{n} \omega_i x_{ik}^2 = \sum_{i=1}^{n} \omega_i x_{ik} y_i \end{array} \right\} \tag{2-36}$$

由上述方程组可以计算出 a_j 的拟合值 $\hat{a}_j$。

当测量为等精度测量时,$\sigma_i = \sigma_y (i = 1, 2, \cdots, n)$,于是有

$$\omega_i = \frac{\sigma^2}{\sigma_i^2} = \frac{\sigma^2}{\sigma_y^2} \quad (i = 1, 2, \cdots, n) \tag{2-37}$$

若令 $\sigma^2 = \sigma_y^2$,则 $\omega_i = 1 (i = 1, 2, \cdots, n)$,因此令上述矩阵中的权重参量 $\omega_i = 1$ 就是等精度测量条件下由一般线性参数的最小二乘法计算得到的正规方程。式(2-36)可以化简为

$$\left. \begin{array}{l} \omega_1 x_{11} v_1 + \omega_2 x_{21} v_2 + \cdots + \omega_n x_{n1} v_n = 0 \\ \omega_1 x_{12} v_1 + \omega_2 x_{22} v_2 + \cdots + \omega_n x_{n2} v_n = 0 \\ \vdots \\ \omega_1 x_{1k} v_1 + \omega_2 x_{2k} v_2 + \cdots + \omega_n x_{nk} v_n = 0 \end{array} \right\} \tag{2-38}$$

也可以采用矩阵进行表示,即

$$\begin{pmatrix} \sum_{i=1}^{n} \omega_i x_{i1}^2 & \sum_{i=1}^{n} \omega_i x_{i1} x_{i2} & \cdots & \sum_{i=1}^{n} \omega_i x_{i1} x_{ik} \\ \sum_{i=1}^{n} \omega_i x_{i2} x_{i1} & \sum_{i=1}^{n} \omega_i x_{i2}^2 & \cdots & \sum_{i=1}^{n} \omega_i x_{i2} x_{ik} \\ \vdots & \vdots & & \vdots \\ \sum_{i=1}^{n} \omega_i x_{ik} x_{i1} & \sum_{i=1}^{n} \omega_i x_{ik} x_{i2} & \cdots & \sum_{i=1}^{n} \omega_i x_{ik}^2 \end{pmatrix} \begin{pmatrix} \hat{a}_1 \\ \hat{a}_2 \\ \vdots \\ \hat{a}_k \end{pmatrix}$$

$$= \begin{pmatrix} \sum_{i=1}^{n} \omega_i x_{i1} y_i \\ \sum_{i=1}^{n} \omega_i x_{i2} y_i \\ \vdots \\ \sum_{i=1}^{n} \omega_i x_{ik} y_i \end{pmatrix} \qquad (2-39)$$

将式(2-38)写成矩阵相乘的形式后,从中可以看出 $\hat{a}_j$ 参量的系数矩阵有如下的特点:① 沿主对角线分布着平方项系数 $\sum_{i=1}^{n} \omega_i x_{i1}^2, \sum_{i=1}^{n} \omega_i x_{i2}^2, \cdots, \sum_{i=1}^{n} \omega_i x_{ik}^2$,这些系数均为正数;② 以主对角线为对称轴,对称分布的系数两两相等。

考虑到等精度测量,矩阵可化简为

$$\begin{pmatrix} x_{11} & x_{21} & \cdots & x_{n1} \\ x_{12} & x_{22} & \cdots & x_{n2} \\ \vdots & \vdots & & \vdots \\ x_{1k} & x_{2k} & \cdots & x_{nk} \end{pmatrix} \begin{pmatrix} \omega_1 & 0 & \cdots & 0 \\ 0 & \omega_2 & \cdots & 0 \\ \vdots & \vdots & & \vdots \\ 0 & 0 & \cdots & \omega_n \end{pmatrix} \begin{pmatrix} v_1 \\ v_2 \\ \vdots \\ v_n \end{pmatrix} = 0 \qquad (2-40)$$

用矩阵 - 向量的形式进行求解,与直线方程处理的方式类似,设

$$\boldsymbol{Y} = \begin{pmatrix} y_1 \\ y_2 \\ \vdots \\ y_n \end{pmatrix} \qquad (2-41)$$

$$\boldsymbol{X} = \begin{pmatrix} x_{11} & x_{12} & \cdots & x_{1k} \\ x_{21} & x_{22} & \cdots & x_{2k} \\ \vdots & \vdots & & \vdots \\ x_{n1} & x_{n2} & \cdots & x_{nk} \end{pmatrix} \qquad (2-42)$$

$$\hat{\boldsymbol{A}} = \begin{pmatrix} \hat{a}_1 \\ \hat{a}_2 \\ \vdots \\ \hat{a}_k \end{pmatrix} \qquad (2-43)$$

$$V = \begin{pmatrix} v_1 \\ v_2 \\ \vdots \\ v_n \end{pmatrix} = \begin{pmatrix} y_1 - \sum_{j=1}^{k} x_{1j}\hat{a}_j \\ y_2 - \sum_{j=1}^{k} x_{2j}\hat{a}_j \\ \vdots \\ y_n - \sum_{j=1}^{k} x_{nj}\hat{a}_j \end{pmatrix} = Y - X\hat{A} \quad (2-44)$$

$$W = \begin{pmatrix} \omega_1 & 0 & \cdots & 0 \\ 0 & \omega_2 & \cdots & 0 \\ \vdots & \vdots & & \vdots \\ 0 & 0 & \cdots & \omega_n \end{pmatrix} = \begin{pmatrix} \dfrac{\sigma^2}{\sigma_1^2} & 0 & \cdots & 0 \\ 0 & \dfrac{\sigma^2}{\sigma_2^2} & \cdots & 0 \\ \vdots & \vdots & & \vdots \\ 0 & 0 & \cdots & \dfrac{\sigma^2}{\sigma_n^2} \end{pmatrix} \quad (2-45)$$

用以上矩阵表达式可以将正规方程的运算表示为

$$X^{\mathrm{T}}WV = X^{\mathrm{T}}W(Y - X\hat{A}) = 0 \quad (2-46)$$

进一步运算可以得到

$$X^{\mathrm{T}}WX\hat{A} = X^{\mathrm{T}}WY \quad (2-47)$$

当测量为等精度测量时，$\omega_i = 1 (i = 1, 2, \cdots, n)$，此时矩阵 W 为单位矩阵，上面的矩阵表达式(2-47)可以化简为

$$X^{\mathrm{T}}X\hat{A} = X^{\mathrm{T}}Y \quad (2-48)$$

正规方程的解，即参数的最小二乘拟合值应当为

$$\hat{A} = (X^{\mathrm{T}}X)^{-1}X^{\mathrm{T}}Y \quad (2-49)$$

该式与直线拟合结果的形式一样，只是具体矩阵的元素不同，但是具有相同的运算法则。

2.2.3 最小二乘法数据拟合的统计性质

1. 最小二乘计算的无偏性

为了简洁地说明统计性质，以下证明都以等精度测量的结果表示为依据，但结论也适用于不等精度测量的情况。

由式(2-49)可知,线性参数的最小二乘拟合值可表示为

$$\hat{A} = (X^TX)^{-1}X^TY$$

通过计算 $\hat{A}$ 的数学期望可得

$$E(\hat{A}) = E[(X^TX)^{-1}X^TY] = (X^TX)^{-1}X^TE(Y) = (X^TX)^{-1}X^TE(Y_0 + \Delta)$$

$$= (X^TX)^{-1}X^TE(Y_0) = (X^TX)^{-1}X^TE(XA) = (X^TX)^{-1}X^TXE(A)$$

$$= A$$

其中,Y_0 为 Y 的真值向量,A 为拟合参数的真值向量。因为 $E(\hat{A}) = A$,即拟合值与真值向量相等,因此拟合值 $\hat{A}$ 是真值 A 的无偏估计。

2. 最小二乘计算的协方差矩阵

$$\sum \hat{A} = \begin{pmatrix} \sigma^2_{\hat{a}_1} & \sigma_{\hat{a}_1\hat{a}_2} & \cdots & \sigma_{\hat{a}_1\hat{a}_k} \\ \sigma_{\hat{a}_2\hat{a}_1} & \sigma^2_{\hat{a}_2} & \cdots & \sigma_{\hat{a}_2\hat{a}_k} \\ \vdots & \vdots & & \vdots \\ \sigma_{\hat{a}_k\hat{a}_1} & \sigma_{\hat{a}_k\hat{a}_2} & \cdots & \sigma^2_{\hat{a}_k} \end{pmatrix}$$

$$= E\left\{ \begin{pmatrix} \hat{a}_1 - a_1 \\ \hat{a}_2 - a_2 \\ \vdots \\ \hat{a}_k - a_k \end{pmatrix} \begin{pmatrix} \hat{a}_1 - a_1 & \hat{a}_2 - a_2 & \cdots & \hat{a}_k - a_k \end{pmatrix} \right\} \quad (2-50)$$

$$= E[(\hat{A} - A)(\hat{A} - A)^T]$$

假设各测量值 y_i 的真值为 y_{0i},则误差可以表示为 $\Delta_i = y_i - y_{0i}$,用矩阵可以表示为

$$Y_0 = \begin{pmatrix} y_{01} \\ y_{02} \\ \vdots \\ y_{0n} \end{pmatrix} = XA \quad (2-51)$$

$$\Delta = Y - Y_0 = \begin{pmatrix} y_1 - y_{01} \\ y_2 - y_{02} \\ \vdots \\ y_n - y_{0n} \end{pmatrix} = Y - XA \quad (2-52)$$

$$\hat{A} - A = (X^TX)^{-1}X^TY - (X^TX)^{-1}(X^TX)A$$

$$= (X^TX)^{-1}X^T(Y - XA) = (X^TX)^{-1}X^T\Delta \quad (2-53)$$

因此 $\hat{A}$ 的协方差为

$$\sum \hat{A} = E[(\hat{A} - A)(\hat{A} - A)^T] = E\{(X^TX)^{-1}X^T\Delta [(X^TX)^{-1}X^T\Delta]^T\}$$

$$= E\{(X^TX)^{-1}X^T\Delta\Delta^TX[(X^TX)^{-1}]^T\} \quad (2-54)$$

式中 $[(X^TX)^{-1}]^T = (X^TX)^{-1}$；且随机变量的部分只有 $\Delta\Delta^T$，其他矩阵符号在求数学期望时不变，所以只需对 $\Delta\Delta^T$ 求数学期望，并令 $\sum_\Delta = E(\Delta\Delta^T)$，即 Δ 的协方差矩阵。于是式(2-54)可简化为

$$\sum \hat{A} = (X^TX)^{-1}X^T \sum\nolimits_\Delta X(X^TX)^{-1} \quad (2-55)$$

这就是线性参数最小二乘估计协方差矩阵的一般表示式。

假定测量过程为等精度测量，各 Δ_i 服从同一 $N(0, \sigma_y)$ 分布且相互独立，则有

$$\sum\nolimits_\Delta = E(\Delta\Delta^T) = \sigma_y^2 I \quad (2-56)$$

其中 I 是 $n \times n$ 阶单位矩阵。将其带入式(2-55)可得

$$\sum \hat{A} = (X^TX)^{-1}X^T\sigma_y^2 IX(X^TX)^{-1} = \sigma_y^2(X^TX)^{-1}X^TX(X^TX)^{-1}$$

$$= \sigma_y^2(X^TX)^{-1} \quad (2-57)$$

由式(2-57)可知，各参数估计值 $\hat{a}_j$ 的方差由矩阵 $(X^TX)^{-1}$ 相应的对角元素和 σ_y^2 的乘积给出；各参数 $\hat{a}_j$ 的协方差由 $(X^TX)^{-1}$ 相应的非对角元素和 σ_y^2 的乘积给出，且一般不等于零。这是由于各参数估计值 $\hat{a}_j$ 的解是 y_i 的线性组合。由于各 y_i 有误差，因此求出的各 $\hat{a}_j$ 也有误差，而且与各 $\hat{a}_j$ 是相关的，因此协方差不为零。

对直线方程 $Y = a + bX$ 有

$$(X^TX)^{-1} = \frac{1}{D}\begin{pmatrix} \sum_{i=1}^n x_i^2 & \sum_{i=1}^n x_i \\ -\sum_{i=1}^n x_i & n \end{pmatrix} \quad (2-58)$$

$$D = n\sum_{i=1}^n x_i^2 - \left(\sum_{i=1}^n x_i\right)^2 \quad (2-59)$$

由此可以计算出 $\hat{a}$、$\hat{b}$ 的方差和协方差为

$$\sigma_{\hat{a}}^2 = \sigma_y^2(X^TX)_{11}^{-1} = \frac{\sum_{i=1}^n x_i^2}{n\sum_{i=1}^n x_i^2 - \left(\sum_{i=1}^n x_i\right)^2}\sigma_y^2 \quad (2-60)$$

$$\sigma_{\hat{b}}^2 = \sigma_y^2 (X^T X)_{22}^{-1} = \frac{n}{n \sum_{i=1}^{n} x_i^2 - (\sum_{i=1}^{n} x_i)^2} \sigma_y^2 \quad (2-61)$$

$$\sigma_{\hat{a}\hat{b}} = \sigma_{\hat{b}\hat{a}} = \sigma_y^2 (X^T X)_{12}^{-1} = \frac{-\sum_{i=1}^{n} x_i}{n \sum_{i=1}^{n} x_i^2 - (\sum_{i=1}^{n} x_i)^2} \sigma_y^2 \quad (2-62)$$

3. 测量值方差 σ_y^2 的估计

根据最小二乘残差平方和的 R 统计性质可知，R/σ_y^2 是服从自由度为 $n-k$ 的 χ^2 分布的一个变量，其中 R 是测量值与拟合值残差的平方和，即 $R = \sum_{i=1}^{n} v_i^2$，n 是测量次数，k 是待估参数的个数。又根据 χ^2 分布性质有 $E(\chi^2) = v$，其中 v 为 χ^2 分布的自由度。可得 R/σ_y^2 的数学期望为 $E(R/\sigma_y^2) = n-k$，因此 $\sigma_y^2 = E(R)/(n-k)$。

在求 σ_y^2 的估计值时，可以把具体的 R 值替代 $E(R)$，于是得到等精度测量下测量值方差的估算公式为

$$\sigma_y^2 = \frac{R}{n-k} = \frac{\sum_{i=1}^{n} v_i^2}{n-k} \quad (2-63)$$

或标准差 σ_y 可以表示为

$$\sigma_y = \sqrt{\frac{R}{n-k}} = \sqrt{\frac{\sum_{i=1}^{n} v_i^2}{n-k}} \quad (2-64)$$

还可进一步证明，标准差的均方根

$$\sigma(\sigma_y) = \frac{\sigma_y}{\sqrt{2(n-k)}} = \frac{\hat{\sigma}_y}{\sqrt{2(n-k)}} \quad (2-65)$$

4. 拟合值方差 $\sigma_{\hat{y}}^2$ 和置信区间

为了解决具体问题中要求根据拟合曲线找出对应于某值 X 的 Y 值的任务，如校正曲线一类的问题，需要讨论拟合值的方差 $\sigma_{\hat{y}}^2$ 和由此得到的拟合曲线的置信区间。对于一般线性参数方程，当给定一组 $x_{0j}(j=1,2,\cdots,k)$ 后，对应的 Y 变量的拟合值为

$$\hat{Y} = X_0^T \hat{A} = (x_{01} \quad x_{02} \quad \cdots \quad x_{0k}) \begin{pmatrix} \hat{a}_1 \\ \hat{a}_2 \\ \vdots \\ \hat{a}_k \end{pmatrix} \quad (2-66)$$

其中 $\hat{\boldsymbol{A}}$ 是由方程中各线性参数 a_j 的最小二乘估计组成的向量。

由最小二乘估计的协方差矩阵可知，$\hat{\boldsymbol{Y}} = \boldsymbol{X}^T\hat{\boldsymbol{A}}$ 中两个多维随机变量 $\hat{\boldsymbol{Y}}$ 和 $\hat{\boldsymbol{A}}$ 之间的协方差矩阵 $\sum \hat{\boldsymbol{Y}}$ 和 $\sum \hat{\boldsymbol{A}}$ 之间的关系为

$$\sum \hat{\boldsymbol{Y}} = E\{[\hat{\boldsymbol{Y}} - E(\hat{\boldsymbol{Y}})][\hat{\boldsymbol{Y}} - E(\hat{\boldsymbol{Y}})]^T\}$$
$$= \boldsymbol{X}^T E\{[\hat{\boldsymbol{A}} - E(\hat{\boldsymbol{A}})][\hat{\boldsymbol{A}} - E(\hat{\boldsymbol{A}})]^T\}(\boldsymbol{X}^T)^T = \boldsymbol{X}^T \sum \hat{\boldsymbol{A}} \boldsymbol{X} \qquad (2-67)$$

对于给定的一组 $\boldsymbol{X}_0$ 向量，由式（2-67）可以求出

$$\sigma_{\hat{y}}^2 = \boldsymbol{X}_0^T \sum \hat{\boldsymbol{A}} \boldsymbol{X}_0 \qquad (2-68)$$

其中 $\sum \hat{\boldsymbol{A}}$ 为 $\hat{\boldsymbol{A}}$ 的协方差矩阵，带入其具体表达式可得

$$\sigma_{\hat{y}}^2 = \boldsymbol{X}_0^T(\hat{\boldsymbol{X}}^T\boldsymbol{X})^{-1}\boldsymbol{X}_0 \sigma_y^2 \qquad (2-69)$$

其中 σ_y^2 是测量值 y_i 的方差，于是式（2-69）可变为

$$\sigma_{\hat{y}}^2 = \boldsymbol{X}_0^T(\boldsymbol{X}^T\boldsymbol{X})^{-1}\boldsymbol{X}_0 \frac{R}{n-k} \qquad (2-70)$$

从式（2-70）可以看出，若多余测量次数 $n-k$ 较小，则在确定置信区间时需要用到 t 变量。因此，当变量 Y 的置信概率为 $P = 1 - \alpha$ 时，所对应的置信区间为

$$\hat{y} \pm t_\alpha [\boldsymbol{X}_0^T(\boldsymbol{X}^T\boldsymbol{X})^{-1}\boldsymbol{X}_0]^{1/2} \left(\frac{R}{n-R}\right)^{1/2} \qquad (2-71)$$

式中 t_α 是 t 分布在置信概率为 $P = 1 - \alpha$ 和自由度 v 为 $n-k$ 时所对应的置信系数。其值可由 t 分布表中查得。

在实验测量中，经常遇到直线方程的拟合问题，可将上述数据分析过程用于分析所拟合直线方程的性质，从而写出拟合值的方差 $\sigma_{\hat{y}}^2$ 和由此得到的置信区间。

当 $Y = a + bX$ 时，对于给定的 $\boldsymbol{X}_0$ 向量有

$$\boldsymbol{X}_0 = \begin{pmatrix} 1 \\ x_0 \end{pmatrix} \qquad (2-72)$$

因此

$$(\boldsymbol{X}^T\boldsymbol{X})^{-1} = \frac{1}{n\sum_{i=1}^{n}x_i^2 - (\sum_{i=1}^{n}x_i)^2} \begin{pmatrix} \sum_{i=1}^{n}x_i^2 & \sum_{i=1}^{n}x_i \\ -\sum_{i=1}^{n}x_i & n \end{pmatrix} \qquad (2-73)$$

由式（2-69）、式（2-72）和式（2-73）三个式子计算得到直线方程拟合值的方

差为

$$\sigma_{\hat{y}}^2 = \left[\frac{1}{n} + \frac{(\bar{x} - x_0)^2}{\sum_{i=1}^{n} x_i^2 - n\bar{x}^2}\right]\sigma_y^2 = \left[\frac{1}{n} + \frac{(\bar{x} - x_0)^2}{\sum_{i=1}^{n}(x_i - \bar{x})^2}\right]\sigma_y^2 \quad (2-74)$$

Y 的置信区间为

$$\hat{y} \pm t_\alpha \sigma_{\hat{y}} = \hat{a} + \hat{b}x_0 + t_\alpha \left[\frac{1}{n} + \frac{(\bar{x} - x_0)^2}{\sum_{i=1}^{n}(x_i - \bar{x})^2}\right]^{1/2} \hat{\sigma}_y \quad (2-75)$$

为对拟合曲线上各点的误差有整体的了解,可取不同的定值 x_0,逐点求出直线 $\hat{y} = \hat{a} + \hat{b}x_0$ 两侧 $\hat{y} \pm t_\alpha \sigma_{\hat{y}}$ 的曲线。它们呈双曲形,显著地表示了变量 Y 的置信区间。

置信区间受多种因素影响,包括:① 自变量 x 的取值范围越大,置信区间越小;x 的取值范围越小,置信区间越大。因此,测量时数据不宜在小范围内取值。② 测量的次数 n 越大,置信区间越小。因此,测量数据的次数不应太少。③ 对于确定的一组测量数据,经拟合后的置信区间在自变量 x 的取值为 $\bar{x}$ 处最小。④ σ_y 越小,则 $\sigma_{\hat{y}}$ 越小。因此,要提高测量值 y 的精度。

2.2.4 两个变量都具有误差时的直线拟合

两个变量都具有误差时,可用戴明(Deming)提出的最小二乘法进行计算。若 x_i 和 y_i 分别具有误差 δ_i 和 Δ_i 并且是等精度测量,分别服从如下的误差正态分布 $N(0, \sigma_x)$ 和 $N(0, \sigma_y)$ ($i = 1, 2, \cdots, n$)。假如 Y 和 X 之间满足线性关系

$$Y = \alpha + \beta X \quad (2-76)$$

其测量值 x_i 和 y_i 之间的表示式为

$$y_i = \alpha + \beta(x_i - \delta_i) + \Delta_i \quad (i = 1, 2, \cdots, n) \quad (2-77)$$

所求拟合方程为

$$\hat{y} = \hat{\alpha} + \hat{\beta}\hat{x} \quad (2-78)$$

其中 $\hat{x}, \hat{y}, \hat{\alpha}, \hat{\beta}$ 分别为 X、Y、α、β 的估计值。为了使得 X 和 Y 的误差在求拟合方程时具有等权性,对它们进行加权转换处理。

令 $\lambda = \sigma_x^2/\sigma_y^2$,$\hat{y}' = \sqrt{\lambda}\hat{y}$,则式(2-78)可以化简为

$$\hat{y}' = \hat{\alpha}' + \hat{\beta}'\hat{x} \quad (2-79)$$

其中 $\hat{\alpha}' = \sqrt{\lambda}\hat{\alpha}$,$\hat{\beta}' = \sqrt{\lambda}\hat{\beta}$。

根据戴明提出的最小二乘原理,由点(x_i, y'_i)到式(2-78)所表示的拟合直线的垂直距离d'_i的平方和$\sum_{i=1}^{n} d'^2_i$为最小时,可求得$\hat{\alpha}$和$\hat{\beta}$的最佳估计值。

由解析几何理论可知,点(x_i, y_i)到拟合直线的距离d'_i为

$$d'_i = \frac{y'_i - \hat{\alpha}' - \hat{\beta}' x_i}{\sqrt{1 + \hat{\beta}'^2}} = \frac{\sqrt{\lambda}}{\sqrt{1 + \lambda \hat{\beta}^2}} (y_i - \hat{\alpha} - \hat{\beta} x_i) \tag{2-80}$$

使得$\sum_{i=1}^{n} d'^2_i$取最小值,即求解

$$\frac{\partial (\sum_{i=1}^{n} d'^2_i)}{\partial \hat{\alpha}} = 0 ; \quad \frac{\partial (\sum_{i=1}^{n} d'^2_i)}{\partial \hat{\beta}} = 0 \tag{2-81}$$

计算整理后可得

$$\hat{\beta} = \frac{\lambda L_y^2 - L_x^2 + \sqrt{(\lambda L_y^2 - L_x^2)^2 + 4\lambda L_{xy}^2}}{2\lambda L_{xy}} \tag{2-82}$$

$$\hat{\alpha} = \bar{y} - \hat{\beta} \bar{x} \tag{2-83}$$

因此,估算值$\hat{x}_i$和$\hat{y}_i$可以通过以下式子进行计算

$$\hat{x}_i = x_i + \frac{\lambda \hat{\beta}}{1 + \lambda \hat{\beta}^2} d_i \tag{2-84}$$

$$\hat{y}_i = y_i - \frac{1}{1 + \lambda \hat{\beta}^2} d_i \tag{2-85}$$

其中

$$d_i = y_i - (\hat{\alpha} + \hat{\beta} x_i) \tag{2-86}$$

测量值x、y的方差可以表示为

$$\sigma_x^2 = \frac{\lambda}{1 + \lambda \hat{\beta}^2} \frac{\sum_{i=1}^{n} d_i^2}{n - 2} \tag{2-87}$$

$$\sigma_y^2 = \frac{1}{1 + \lambda \hat{\beta}^2} \frac{\sum_{i=1}^{n} d_i^2}{n - 2} = \frac{\sigma_x^2}{\lambda} \tag{2-88}$$

其中

$$\sum_{i=1}^{n} d_i^2 = L_y^2 - 2\hat{\beta} L_{xy} + \hat{\beta}^2 L_x^2 \tag{2-89}$$

2.3 非线性参数的最小二乘拟合

非线性参数是指它们在函数关系式中以非线性的组合形式出现。例如,高斯函数 $y = a\exp[-(x-p)^2/\omega^2]$ 中,a、p、ω 这几个参数都是非线性参数。非线性参数的估计仍可按最小二乘法进行处理,但具体的计算方法和线性参数相比有较大的差异。但是,有一些非线性参数估计的问题可以通过代数变换转化为线性参数问题来处理。下面首先介绍可转化为线性参数问题处理的非线性参数估计,随后再介绍非线性参数估计的一般处理方法。讨论都假设是在等精度测量条件下对一元非线性参数的估计。

2.3.1 可化为线性拟合方程的非线性参数估计

1. 拟合曲线函数类型的选取和检验

(1) 直接判断法。根据专业知识,从理论上推导或者根据以往的经验来确定两个变量之间的函数类型。如放射源的强度 y 与时间 t 有指数关系,即 $y = y_0 e^{-kt}$,其中 y_0 和 k 为待定值。

(2) 观察法。根据测量数据作图,将其与典型曲线进行比较,确定其属于何种类型。所选择的曲线类型是否合适,则可用下述方法检验。

(3) 直线检验法。当函数类型中所含参数不多,例如只有一个或两个时,用此方法检验较好,具体步骤如下:

① 将预选的拟合曲线 $f(x,y,a,b) = 0$ 写成

$$Z_1 = A + BZ_2 \qquad (2-90)$$

其中,Z_1、Z_2 是只含一个变量的函数,A、B 分别是 a 和 b 的函数。如 $y = ae^{bx}$ 可写成 $\log y = \log a + (b\log e)x$,其中,$\log y$ 相当于 Z_1,x 相当于 Z_2,$\log a$ 相当于 A,$b\log e$ 相当于 B。可写成上述形式的函数还有:$y = a + b\log x$,$y = ab^x$,$y = ae^{bx}$,$y = e^{(a+bx)}$,$y = ax^b$,$y = x/(a+bx)$。

② 求出几对与 x、y 相对应的 Z_1、Z_2 的值,这几对值的选用以 x、y 值相差较大为好。

③ 以 Z_1 和 Z_2 为变量作图,若所得图形为一直线,则说明原先所选的拟合曲线类型是合适的。

（4）多项式与差分检验法。若一组实验数据可用一多项式表示,式中含有参数的项大于两个时,用此方法决定函数的次数较为合适。具体步骤如下：

① 用实验数据画图。

② 在图上根据等差 Δx,列出 x_i 和 y_i 的对应值。

③ 根据 x_i、y_i 求出差值 Δ_y^k,其中 $k=1,2,\cdots,n$。

$$\Delta y_1 = y_2 - y_1$$
$$\Delta y_2 = y_3 - y_2$$
$$\vdots$$
$$\Delta y_i = y_{i+1} - y_i$$

为第一阶差。

$$\Delta^2 y_1 = \Delta y_2 - \Delta y_1$$
$$\Delta^2 y_2 = \Delta y_3 - \Delta y_2$$
$$\vdots$$
$$\Delta^2 y_{i-1} = \Delta y_i - \Delta y_{i-1}$$

为第二阶差。

$$\Delta^3 y_1 = \Delta^2 y_2 - \Delta^2 y_1$$
$$\Delta^3 y_2 = \Delta^2 y_3 - \Delta^2 y_2$$
$$\vdots$$
$$\Delta^3 y_{i-2} = \Delta^2 y_{i-1} - \Delta^2 y_{i-2}$$

为第三阶差。

当在第 k 阶差时,求出的值极接近某一常数,则函数就取到 k 次项。

2. 将曲线拟合转化为直线拟合的方法

在确定和检验了测量值 y 和 x 之间的曲线函数类型后,有的函数可以通过变量代换转化为直线方程。现介绍下常用的变量代换类型。

（1）幂函数型：

$$y = ax^b \tag{2-91}$$

对等式两边取对数得

$$\log y = \log a + b\log x \tag{2-92}$$

令 $y' = \log y$,$a' = \log a$,$x' = \log x$,则有

$$y' = a' + bx' \tag{2-93}$$

因此,只要把测量数据 $(x_i, y_i)(i=1,2,\cdots,n)$ 按照上面的变量代换关系转化为数据 $(x_i', y_i')(i=1,2,\cdots,n)$,就可以用直线方程的最小二乘估计法得到 a' 和 b 的参数估计值。显然,原幂函数型中的 a、b 参数通过变量代换关系即可求得。

(2) 指数函数型:

$$y = ae^{bx} \tag{2-94}$$

对等式两边取对数得

$$\log y = \log a + (b\log e)x \tag{2-95}$$

则 $\log y$ 与 x 之间呈线性关系。

(3) 分数函数

$$y = \frac{x}{a + bx} \tag{2-96}$$

将式(2-96)改写为

$$\frac{1}{y} = b + a\frac{1}{x} \tag{2-97}$$

则 $1/y$ 和 $1/x$ 之间呈线性关系。

(4) 指数函数

$$y = de^{b/x} \tag{2-98}$$

对等式两边取对数得

$$\log y = \log d + (b\log e)\frac{1}{x} \tag{2-99}$$

则 $\log y$ 与 $1/x$ 之间呈线性关系。

(5) 对数函数

$$y = a + b\log x \tag{2-100}$$

则可直接判断 y 与 $\log x$ 之间呈线性关系。

(6) S 形曲线

$$y = \frac{1}{a + be^{-x}} \tag{2-101}$$

对等式两边取倒数得

$$\frac{1}{y} = a + be^{-x} \tag{2-102}$$

则 $1/y$ 与 e^{-x} 之间呈线性关系。

3. 曲线拟合的精度

上述曲线方程拟合方法是用经过变量代换后的数据求得的最佳拟合,当变换回原数据坐标上所得的拟合曲线,严格地说并不是最佳的拟合。不过,拟合的程度通常也仍能令人满意。因此,在估算曲线方程的拟合精度时,计算残差平方和时不能用经变量代换后的数据 y_i' 和 $\hat{y}_i'$,而应按照定义用原始数据 y_i 和 $\hat{y}_i$ 进行计算。因此,在计算测量值的方差 σ_y^2 时,可利用式(2-64)进行计算,即

$$\sigma_y = \sqrt{\frac{R}{n-2}} = \sqrt{\frac{\sum_{i=1}^{n} v_i^2}{n-2}} = \sqrt{\frac{\sum_{i=1}^{n} (y_i - \hat{y}_i)^2}{n-2}}$$

可用相关系数 ρ^2 来衡量拟合曲线和参数的好坏,即

$$\rho^2 = 1 - \frac{\sum_{i=1}^{n} (y_i - \hat{y}_i)^2}{\sum_{i=1}^{n} (y_i - \bar{y})^2} \tag{2-103}$$

ρ 也称相关系数,ρ^2(或 ρ)越接近 1 表明曲线的拟合效果越好。

2.3.2 非线性参数的一般处理方法

假设要通过一组测量值 (x_i, y_i) $(i = 1, 2, \cdots, n)$,来对某非线性函数 $y = f(x_i; a_1, a_2, \cdots, a_k)$ 中的参数 $a_1, a_2, \cdots, a_k$ 进行最小二乘估计,其中 y_i 有标准差 σ_i,即测量是在不等精度条件下进行的。

根据最小二乘原理可知,由于 a_j 在函数中以非线性形式出现,偏导数 $\partial R/\partial a_j$ 仍是 a_j 的非线性函数,要解出各 $\hat{a}_j$ 是不大可能的。通常,可以通过在电脑上进行最优化计算的方法,搜索出符合要求的 $a_1, a_2, \cdots, a_k$ 值。另外,也可以利用泰勒展开使非线性函数 $y = f(x_i; a_1, a_2, \cdots, a_k)$ 线性化,再用逐次迭代法求解。下面着重介绍后一种处理方法。

把函数 $y = f(x_i; \hat{a}_1, \hat{a}_2, \cdots, \hat{a}_k)$ 在参数初值(零级近似值) $a_1^{(0)}, a_2^{(0)}, \cdots, a_k^{(0)}$ 附近进行泰勒展开,略去高次项可得

$$y = f(x_i; \hat{a}_1, \hat{a}_2, \cdots, \hat{a}_k) = f(x_i; a_1^{(0)}, a_2^{(0)}, \cdots, a_k^{(0)}) + \frac{\partial f}{\partial \hat{a}_1} \delta \hat{a}_1^{(1)} +$$

$$\frac{\partial f}{\partial \hat{a}_2} \delta \hat{a}_2^{(1)} + \cdots + \frac{\partial f}{\partial \hat{a}_k} \delta \hat{a}_k^{(1)} \tag{2-104}$$

其中, $f(x_i;a_1^{(0)},a_2^{(0)},\cdots,a_k^{(0)})$ 和 $\dfrac{\partial f}{\partial \hat{a}_j}(j=1,2,\cdots,k)$ 都是已知的确定数,它们可用测量值 $x_i(i=1,2,\cdots,n)$ 和参数的初值(零级近似值) $a_j^{(0)}(j=1,2,\cdots,k)$ 代入计算而得。而 $\delta \hat{a}_j^{(1)}(j=1,2,\cdots,k)$ 是 $\hat{a}_j^{(1)}$ 在 $\hat{a}_j^{(0)}$ 处的增量,即

$$\hat{a}_j^{(1)} = \hat{a}_j^{(0)} + \delta \hat{a}_j^{(1)} \quad (j=1,2,\cdots,k) \qquad (2-105)$$

从式(2-105)可以看到,通过泰勒展开可以把非线性参数线性化。于是,求待估参数 $\hat{a}_j^{(1)}$ 转化为先求 $\delta \hat{a}_j^{(1)}$,然后由式(2-105)得到 $\hat{a}_j^{(1)}$。

按照对线性参数的估值方法对 $\delta \hat{a}_j^{(1)}$ 进行计算。残差平方和 R 可写成

$$R = \sum_{i=1}^{n} \omega_i \left\{ \left[f(x_i;a_1^{(0)},a_2^{(0)},\cdots,a_k^{(0)}) + \sum_{j=1}^{k} \dfrac{\partial f}{\partial \hat{a}_j} \delta \hat{a}_j^{(1)} \right] - y_i \right\}^2 \qquad (2-106)$$

把 R 看成诸 $\delta \hat{a}_j^{(1)}$ 的函数,要使 R 为最小,必有以下极值条件成立

$$\dfrac{\partial R}{\partial (\delta \hat{a}_j^{(1)})} = 0 \quad (j=1,2,\cdots,k) \qquad (2-107)$$

这是关于 $\delta \hat{a}_j^{(1)}$ 的一个线性方程组,即正规方程,共有 k 个方程式。通过求解可以计算出 k 个 $\delta \hat{a}_j^{(1)}$,然后由式(2-105)求出 $\hat{a}_j^{(1)}(j=1,2,\cdots,k)$。

将上面的微分方程(2-107)展开可得

$$\delta \hat{a}_1^{(1)} \left[\sum_{i=1}^{n} \omega_i \left(\dfrac{\partial f_i}{\partial \hat{a}_1} \right)^2 \right] + \delta \hat{a}_2^{(1)} \left[\sum_{i=1}^{n} \omega_i \left(\dfrac{\partial f_i}{\partial \hat{a}_1} \right)\left(\dfrac{\partial f_i}{\partial \hat{a}_2} \right) \right] + \cdots + \delta \hat{a}_k^{(1)} \left[\sum_{i=1}^{n} \omega_i \left(\dfrac{\partial f_i}{\partial \hat{a}_1} \right)\left(\dfrac{\partial f_i}{\partial \hat{a}_k} \right) \right]$$

$$= \sum_{i=1}^{n} \omega_i (y_i - f_i) \dfrac{\partial f_i}{\partial \hat{a}_1}$$

$$\delta \hat{a}_1^{(1)} \left[\sum_{i=1}^{n} \omega_i \left(\dfrac{\partial f_i}{\partial \hat{a}_2} \right)\left(\dfrac{\partial f_i}{\partial \hat{a}_1} \right) \right] + \delta \hat{a}_2^{(1)} \left[\sum_{i=1}^{n} \omega_i \left(\dfrac{\partial f_i}{\partial \hat{a}_2} \right)^2 \right] + \cdots + \delta \hat{a}_k^{(1)} \left[\sum_{i=1}^{n} \omega_i \left(\dfrac{\partial f_i}{\partial \hat{a}_2} \right)\left(\dfrac{\partial f_i}{\partial \hat{a}_k} \right) \right]$$

$$= \sum_{i=1}^{n} \omega_i (y_i - f_i) \dfrac{\partial f_i}{\partial \hat{a}_2}$$

$$\vdots$$

$$\delta \hat{a}_1^{(1)} \left[\sum_{i=1}^{n} \omega_i \left(\dfrac{\partial f_i}{\partial \hat{a}_k} \right)\left(\dfrac{\partial f_i}{\partial \hat{a}_1} \right) \right] + \delta \hat{a}_2^{(1)} \left[\sum_{i=1}^{n} \omega_i \left(\dfrac{\partial f_i}{\partial \hat{a}_k} \right)\left(\dfrac{\partial f_i}{\partial \hat{a}_2} \right) \right] + \cdots + \delta \hat{a}_k^{(1)} \left[\sum_{i=1}^{n} \omega_i \left(\dfrac{\partial f_i}{\partial \hat{a}_k} \right)^2 \right]$$

$$= \sum_{i=1}^{n} \omega_i (y_i - f_i) \dfrac{\partial f_i}{\partial \hat{a}_k}$$

由此方程可得参数 $a_j(j=1,2,\cdots,k)$ 的一级近似值 $\hat{a}_j^{(1)}(j=1,2,\cdots,k)$。由于在进行泰勒展开的过程中忽略了高次项,因此求出的 $\delta \hat{a}_j^{(1)}$ 存在一定的误差,还需要求出更

高阶的近似值 $\hat{a}_j^{(s+1)}(j=1,2,\cdots,k)$。可以将上面公式中的初始值 $a_j^{(0)}(j=1,2,\cdots,k)$ 更换为经一次运算得到参数的一级近似值 $\hat{a}_j^{(1)}(j=1,2,\cdots,k)$。重复运算,可以计算出二级增量 $\delta\hat{a}_j^{(2)}(j=1,2,\cdots,k)$。一般来说,由 s 级近似值 $\hat{a}_j^{(s)}(j=1,2,\cdots,k)$ 求 $s+1$ 级近似 $\hat{a}_j^{(s+1)}(j=1,2,\cdots,k)$,即

$$\hat{a}_j^{(s+1)} = \hat{a}_j^{(s)} + \delta\hat{a}_j^{(s+1)} \quad (j=1,2,\cdots,k) \tag{2-108}$$

若从迭代的第 s 步到第 $s+1$ 步参数 $a_1,a_2,\cdots,a_k$ 的近似值变化很小,即

$$|\delta\hat{a}_j^{(s+1)}| < \varepsilon \quad (j=1,2,\cdots,k) \tag{2-109}$$

其中 ε 为所要求的精度,或最小残差平方和值减小得很少,即

$$\left|\frac{R_{\min}^{(s)} - R_{\min}^{(s+1)}}{R_{\min}^{(s+1)}}\right| < \varepsilon \tag{2-110}$$

其中 $\varepsilon \ll 1$,则可以停止迭代,把参数的第 $s+1$ 级近似值作为最小二乘的估计值

$$\hat{a}_j = \hat{a}_j^{(s+1)} \quad (j=1,2,\cdots,k) \tag{2-111}$$

但有时为了保证迭代的次数不宜过多,或在多次迭代满足上述两判别条件的情况下,也能得到一定结果,可以另外设立一个判别条件,即迭代次数的上限值。这在用计算机进行运算时特别重要。为了保证迭代过程能够收敛,而且收敛得较快,初值的选取是至关重要的。因为在线性化过程中略去了高次项,如果初值选取不当,则高次项不能略去;或者说,略去高次项将是很坏的近似。为克服这一不足之处,还提出不少改进方法,如阻尼法、矩阵对角元素加强法等。初值的选取离不开物理模型的构建及数据处理经验的积累。如果初值选在参数的最小二乘解附近,将不存在上述问题。

同样,非线性参数最小二乘估计的正规方程和解也可以写成矩阵形式。我们对照两者的正规方程[式(2-35)和式(2-107)]的展开形式可以看到,两者在数学形式上是一致的,只需把相应的已知量或变量进行替换即可。需替换的量有

$$\delta\hat{a}_j \Rightarrow \hat{a}_j \tag{2-112}$$

$$\frac{\partial f_i}{\partial \hat{a}_j} \Rightarrow x_{ij} \tag{2-113}$$

$$y_i - f_i \Rightarrow y_i \tag{2-114}$$

因此,我们对照一般线性参数的矩阵形式可以写出下列非线性参数最小二乘估计的正规方程和解的矩阵表示式

$$\boldsymbol{X}^{\mathrm{T}}\boldsymbol{W}\boldsymbol{X}\hat{\boldsymbol{A}} = \boldsymbol{X}^{\mathrm{T}}\boldsymbol{W}\boldsymbol{Y} \tag{2-115}$$

$$\hat{\boldsymbol{A}} = (\boldsymbol{X}^{\mathrm{T}}\boldsymbol{W}\boldsymbol{X})^{-1}\boldsymbol{X}^{\mathrm{T}}\boldsymbol{W}\boldsymbol{Y} \tag{2-116}$$

其中

$$Y = \begin{pmatrix} y_1 - f_1 \\ y_2 - f_2 \\ \vdots \\ y_n - f_n \end{pmatrix} \quad (2-117)$$

$$X = \begin{pmatrix} \dfrac{\partial f_1}{\partial \hat{a}_1} & \dfrac{\partial f_1}{\partial \hat{a}_2} & \cdots & \dfrac{\partial f_1}{\partial \hat{a}_k} \\ \dfrac{\partial f_2}{\partial \hat{a}_1} & \dfrac{\partial f_2}{\partial \hat{a}_2} & \cdots & \dfrac{\partial f_2}{\partial \hat{a}_k} \\ \vdots & \vdots & & \vdots \\ \dfrac{\partial f_n}{\partial \hat{a}_1} & \dfrac{\partial f_n}{\partial \hat{a}_2} & \cdots & \dfrac{\partial f_n}{\partial \hat{a}_k} \end{pmatrix} \quad (2-118)$$

$$\hat{A} = \begin{pmatrix} \delta \hat{a}_1 \\ \delta \hat{a}_2 \\ \vdots \\ \delta \hat{a}_k \end{pmatrix} \quad (2-119)$$

$$W = \begin{pmatrix} \omega_1 & 0 & \cdots & 0 \\ 0 & \omega_2 & \cdots & 0 \\ \vdots & \vdots & & \vdots \\ 0 & 0 & \cdots & \omega_n \end{pmatrix} \quad (2-120)$$

由于计算机的发展,用矩阵形式求解参数估计值和用多次迭代的方法求解非线性参数的最小二乘估计值已成为可能而且方便。因此,数据处理的科学性得到大大提高,为大部分科学实验带来了方便。

2.4 多项式曲线拟合

科学研究中有一些问题是要研究两个变量之间的内在关系,这些内在关系不是线性的,而是某种曲线关系。如果两个变量之间的非线性函数形式已知,则可以按非线性参数最小二乘估计中介绍的方法对数据进行处理。如果两个变量之间的非线性函数形式未知,一种途径是按曲线函数类型的确定和检验方法先确定曲线函数类型,然后再对实验数据进行分析处理;另一种广泛使用的方法则是用多项式拟合曲线。一般来说,若有 n 对测量数据 $(x_i, y_i)(i=1,2,\cdots,n)$,则函数 $y=f(x)$ 总可以用一个含有 $k+1$ 个参数的 k 阶多项式来逼近由测量结果绘出的曲线,其中 $k+1<n$,即

$$y = f(x) = a_0 + a_1 x + a_2 x^2 + \cdots + a_k x^k \tag{2-121}$$

从数学原理上来讲,给定了 n 个数据点,总能求得一条 $n-1$ 阶多项式曲线使之恰好通过这 n 个数据点,如图 2-1 中虚线所示,然而这是没有实际意义的。由于测量不可避免有误差,因此所得数据点并不能恰好无误地反映出 y 与 x 的真实关系 $y=f(x)$。若设法尽量消除误差的影响,那么实际的 $y=f(x)$ 关系可能如图 2-1 中实线所示。因此,通常尽量通过物理分析来求得 $y=f(x)$ 的函数形式,或以物理分析为依据来假设一个函数形式,使其具有确定的物理意义。只有在物理分析无法获得有效的函数关系时,才单纯根据数据点的拟合来假设一个函数形式。这种假设显然带有相当大的主观性,对于同一组数据,用高一阶或低一阶的多项式去拟合,很难判断哪一个的效果更好。因此,一般对测量变量的函数形式无确切把握时,总是先从低阶多项式开始拟合,随后根据下面将要介绍的判断准则,决定是否需要提高阶数再进行拟合。这类拟合过程复杂,需要利用计算机软件来完成。

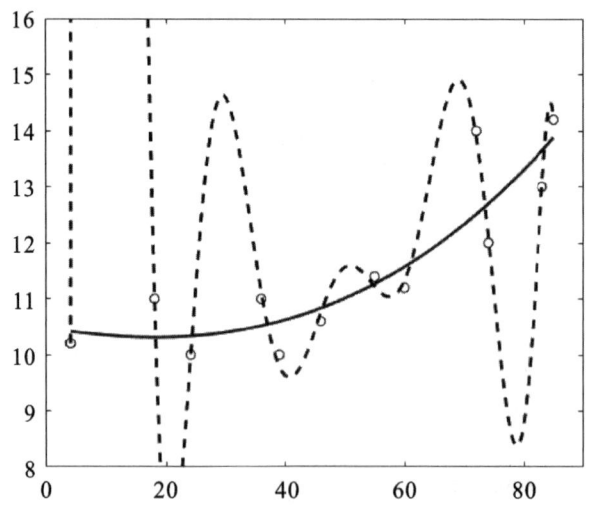

图 2-1 数据点的多项式拟合

2.4.1 多项式拟合原理

假设有一批测量数据 $(x_i, y_i)(i=1,2,\cdots,n)$,各个测量值 y_i 的方差为 σ_i^2,即测量

值 y_i 带有权 $\omega_i = \sigma^2/\sigma_i^2$。设两变量 Y 和 X 函数关系未知,但总是可以找到一个多项式来很好地描述 Y 和 X 之间的关系,现将 Y 写成

$$Y = a_0 + a_1 X + a_2 X^2 + \cdots + a_k X^k = \sum_{j=0}^{k} a_j X^j \qquad (2-122)$$

式中,$a_0, a_1, a_2, \cdots, a_k$ 是待定的 $k+1$ 个参数。

对式(2-122)进行数学变换,令

$$Z_1 = 1, \ Z_2 = X^1, \cdots, Z_K = X^k$$
$$b_1 = a_0, b_2 = a_1, b_3 = a_2, \cdots, b_K = a_k$$

于是,多项式可改写为

$$Y = b_1 Z_1 + b_2 Z_2 + \cdots + b_K Z_K = \sum_{j=1}^{K} b_j Z_j \qquad (2-123)$$

其中 $K = k+1$。式(2-123)与一般线性方程相同,因此最小二乘多项式拟合问题就可以按照一般线性参数的最小二乘拟合进行处理。用矩阵形式写出正规方程及其解为

$$X^\mathrm{T} W X \hat{A} = X^\mathrm{T} W Y$$
$$\hat{A} = (X^\mathrm{T} W X)^{-1} X^\mathrm{T} W Y$$

其中

$$Y = \begin{pmatrix} y_1 \\ y_2 \\ \vdots \\ y_n \end{pmatrix} \qquad (2-124)$$

$$X = \begin{pmatrix} 1 & x_1 & \cdots & x_1^k \\ 1 & x_2 & \cdots & x_2^k \\ \vdots & \vdots & & \vdots \\ 1 & x_n & \cdots & x_n^k \end{pmatrix} \qquad (2-125)$$

$$\hat{A} = \begin{pmatrix} \hat{a}_0 \\ \hat{a}_1 \\ \hat{a}_2 \\ \vdots \\ \hat{a}_k \end{pmatrix} \qquad (2-126)$$

$$W = \begin{pmatrix} \omega_1 & 0 & \cdots & 0 \\ 0 & \omega_2 & \cdots & 0 \\ \vdots & \vdots & & \vdots \\ 0 & 0 & \cdots & \omega_n \end{pmatrix} \quad (2-127)$$

$$X^T Y = \begin{pmatrix} \sum_{i=1}^{n} y_i \\ \sum_{i=1}^{n} x_i y_i \\ \vdots \\ \sum_{i=1}^{n} x_i^k y_i \end{pmatrix} \quad (2-128)$$

$$X^T X = \begin{pmatrix} n & \sum_{i=1}^{n} x_i & \sum_{i=1}^{n} x_i^2 & \cdots & \sum_{i=1}^{n} x_i^k \\ \sum_{i=1}^{n} x_i & \sum_{i=1}^{n} x_i^2 & \sum_{i=1}^{n} x_i^3 & \cdots & \sum_{i=1}^{n} x_i^{k+1} \\ \vdots & \vdots & \vdots & & \vdots \\ \sum_{i=1}^{n} x_i^k & \sum_{i=1}^{n} x_i^{k+1} & \sum_{i=1}^{n} x_i^{k+2} & \cdots & \sum_{i=1}^{n} x_i^{2k} \end{pmatrix} \quad (2-129)$$

将计算出的 $\hat{a}_j(j=0,1,2,\cdots,k)$ 代入方程中即可得到拟合曲线方程为

$$\hat{y} = \hat{a}_0 + \hat{a}_1 x + \hat{a}_2 x^2 + \cdots + \hat{a}_k x^k \quad (2-130)$$

进一步可以计算测量值 y_i 与拟合值 $\hat{y}_i$ 之间的残差 v_i 以及残差平方和 R，并计算测量值的方差 σ_y^2，得

$$R = \sum_{i=1}^{n} v_i^2 = \sum_{i=1}^{n} (y_i - \hat{y}_i)^2 = \sum_{i=1}^{n} [y_i - (\hat{a}_0 + \hat{a}_1 x_i + \hat{a}_2 x_i^2 + \cdots + \hat{a}_k x_i^k)]^2$$

$$\hat{\sigma}_y^2 = \frac{R}{n-k-1}$$

$$\hat{\sigma}_y = \sqrt{\frac{R}{n-k-1}}$$

2.4.2 测量数据的光滑处理

光滑处理某组数据 $(x_1, y_i)(i=0,1,2,\cdots,n)$ 时，其目的是要得到一组经光滑处理

后的数据$(x_i, \hat{y}_i)(i=0,1,2,\cdots,n)$,而不是把注意力集中在直接求出拟合多项式的线性参数,得到$\hat{y}=f(x)$的表示式。光滑处理在科学研究中应用广泛,它可以减少测量中统计误差带来的影响,尤其被用于无法利用多次重复测量而取其平均值的数据和当y_i随x_i的变化有徒然变化的那些区域,例如寻找峰位、峰值或拐点等。这里仅对五点二次光滑公式加以推导。此外,还给出其他一些公式的结果,供大家选择。一般测量数据的光滑处理是由计算机完成的。

2.4.2.1　五点二次光滑公式的推导

对数据进行光滑处理的过程是先根据测试数据$(x_i, y_i)(i=0,1,2,\cdots,n)$,用最小二乘法求出拟合多项式

$$\hat{y}(x) = \sum_{j=0}^{k} \hat{a}_j x^j \tag{2-131}$$

然后代入相应的x_i值,求出$\hat{y}_i = \hat{y}(x_i)$。由于数据处理中关心的是平滑后的数据$\hat{y}_i$,因此推导光滑公式时,可以由测量数据y_i直接计算$\hat{y}_i$、一阶导数$\hat{y}_i'$和二阶导数$\hat{y}_i''$。五点二次光滑就是用二次三项式对5个测量点的5个数据进行光滑处理。为使推导简便起见,假定测量数据$(x_i, y_i)(i=0,1,2,3,4,$即$n=4)$是等间距的,则有

$$x_1 - x_0 = x_2 - x_1 = x_3 - x_2 = x_4 - x_3 = h \tag{2-132}$$

做如下坐标变换

$$X_i = (x_i - x_2)/h \tag{2-133}$$

则有

$$X_0 = -2, X_1 = -1, X_2 = 0, X_3 = 1, X_4 = 2 \tag{2-134}$$

其中$X_2 = 0$为中心点,相应的测量值为Y_{-2}、Y_{-1}、Y_0、Y_1、Y_2。

根据上述坐标变换,拟合二次三项式

$$\hat{y}(x) = \hat{a}_0 + \hat{a}_1 x + \hat{a}_2 x^2 \tag{2-135}$$

可以根据参数代换变为

$$\hat{Y}(X) = \hat{b}_0 + \hat{b}_1 X + \hat{b}_2 X^2 \tag{2-136}$$

由于横坐标发生线性变换,因此,当

$$X_i = (x_i - x_2)/h \tag{2-137}$$

时,便有

$$\hat{y}(x_i) = \hat{Y}(X_i) \tag{2-138}$$

为了便于求$\hat{Y}(X_i)$,可将上式按要求进行变换,并用最小二乘法拟合多项式

$\hat{Y}(X) = \hat{b}_0 + \hat{b}_1 X + \hat{b}_2 X^2$ 的系数 $\hat{b}_i$，带入正规方程可得

$$\left.\begin{array}{r}5\hat{b}_0 + \sum_{i=0}^{4} X_i \hat{b}_1 + \sum_{i=0}^{4} X_i^2 \hat{b}_2 = \sum_{i=0}^{4} Y_{i-2} \\ \sum_{i=0}^{4} X_i \hat{b}_0 + \sum_{i=0}^{4} X_i^2 \hat{b}_1 + \sum_{i=0}^{4} X_i^3 \hat{b}_2 = \sum_{i=0}^{4} X_i Y_{i-2} \\ \sum_{i=0}^{4} X_i^2 \hat{b}_0 + \sum_{i=0}^{4} X_i^3 \hat{b}_1 + \sum_{i=0}^{4} X_i^4 \hat{b}_2 = \sum_{i=0}^{4} X_i^2 Y_{i-2}\end{array}\right\} \qquad (2-139)$$

化简可得

$$\left.\begin{array}{r}5\hat{b}_0 + 10\hat{b}_2 = Y_{-2} + Y_{-1} + Y_0 + Y_1 + Y_2 \\ 10\hat{b}_1 = -2Y_{-2} - Y_{-1} + Y_1 + 2Y_2 \\ 10\hat{b}_0 + 34\hat{b}_2 = 4Y_{-2} + Y_{-1} + Y_1 + 4Y_2\end{array}\right\} \qquad (2-140)$$

由此可以解出

$$\left.\begin{array}{r}\hat{b}_0 = \frac{1}{35}(-3Y_{-2} + 12Y_{-1} + 17Y_0 + 12Y_1 - 3Y_2) \\ \hat{b}_1 = \frac{1}{10}(-2Y_{-2} - Y_{-1} + Y_1 + 2Y_2) \\ \hat{b}_2 = \frac{1}{14}(2Y_{-2} - Y_{-1} - 2Y_0 - Y_1 + 2Y_2)\end{array}\right\} \qquad (2-141)$$

将解出的 $\hat{b}_0$、$\hat{b}_1$、$\hat{b}_2$ 带入五点二次三项拟合多项式

$$\hat{Y}(X) = \hat{b}_0 + \hat{b}_1 X + \hat{b}_2 X^2$$

就得到了这 5 个拟合点的拟合曲线。所谓光滑后的光滑值就是对中心点而言取拟合曲线上的数值。因为光滑的目的是减少统计误差，所以用中心点两边的各两个测量点的数据与中心点一起来拟合，从而达到减少统计误差的目的。将 $X_i = 0$ 代入拟合曲线就得到中心点的光滑值。测量值的每一个测量点都可选作中心点，并结合其左右各两个测量点数据进行拟合。对每一个测量点都作了光滑处理后，就完成了对整个测量值的光滑处理。上面介绍的处理方法也称移动光滑法。因此，五点二次光滑公式为

$$\hat{y}_i = \frac{1}{35}(-3y_{i-2} + 12y_{i-1} + 17y_i + 12y_{i+1} - 3y_{i+2}) \qquad (2-142)$$

此外还可以求出相应一阶导数和二阶导数

$$\hat{y}'_i = \hat{b}_1 = \frac{1}{10}(-2y_{i-2} - y_{i-1} + y_{i+1} + 2y_{i+2}) \qquad (2-143)$$

$$\hat{y}''_i = 2\hat{b}_2 = \frac{1}{7}(2y_{i-2} - y_{i-1} - 2y_i - y_{i+1} + 2y_{i+2}) \qquad (2-144)$$

但是当需要光滑的数据总共只有 5 个时,或者虽然需要光滑的数据大于 5 个,例如 $n+1$ 个时,如何计算其中的 $\hat{y}_0$、$\hat{y}_1$、$\hat{y}_{n-1}$、$\hat{y}_n$? 类似于将中心点 $X = X_2 = 0$ 代入拟合曲线时得到中心点的光滑值的方法,我们可以分别用 $X_0 = -2$ 代入式(2-136)得到光滑值 $\hat{y}_0$;用 $X_1 = -1$ 代入得到光滑值 $\hat{y}_1$;用 $X_3 = 1$ 代入得到光滑值 $\hat{y}_{n-1}$;用 $X_4 = 2$ 代入得到光滑值 $\hat{y}_n$(或只有 5 个点时的 $\hat{y}_4$),这些点的计算公式可以改写为

$$\hat{y}_0 = \hat{Y}_{-2} = \hat{Y}(X = X_0 = -2)$$
$$= \frac{1}{35}(31y_0 + 9y_1 - 3y_2 - 5y_3 + 3y_4) \qquad (2-145)$$

$$\hat{y}_1 = \hat{Y}_{-1} = \hat{Y}(X = X_1 = -1)$$
$$= \frac{1}{35}(9y_0 + 13y_1 + 12y_2 + 6y_3 - 5y_4) \qquad (2-146)$$

$$\hat{y}_{n-1} = \hat{Y}_1 = \hat{Y}(X = X_3 = 1)$$
$$= \frac{1}{35}(-5y_{n-4} + 6y_{n-3} + 12y_{n-2} + 13y_{n-1} + 9y_n) \qquad (2-147)$$

$$\hat{y}_n = \hat{Y}_2 = \hat{Y}(X = X_4 = 2)$$
$$= \frac{1}{35}(3y_{n-4} - 5y_{n-3} - 3y_{n-2} + 9y_{n-1} + 31y_n) \qquad (2-148)$$

2.4.2.2 其他光滑公式

除了上述的五点二次光滑公式外,还可以用三次四项式对 5 个测量点的 5 个数据进行光滑处理,得到五点三次光滑公式。也可以用大于 5 个测量点的数据参与光滑处理,例如 7 点、9 点、11 点的数据参与光滑处理,这样就分别得到七点二次光滑公式、九点二次光滑公式和十一点二次光滑公式。

1. 五点三次光滑公式

三次四项式为

$$\hat{y}(x) = \hat{a}_0 + \hat{a}_1 x + \hat{a}_2 x^2 + \hat{a}_3 x^3 \qquad (2-149)$$

采用和五点二次光滑完全相同的方法得到五点三次光滑公式

$$\hat{y}_i = \frac{1}{35}(-3y_{i-2} + 12y_{i-1} + 17y_i + 12y_{i+1} - 3y_{i+2}) \qquad (2-150)$$

该式与式(2-142)五点二次光滑公式一样。因此,在进行光滑处理时,可选用以二次

三项式作为拟合函数处理的五点二次光滑公式。

同样，可以得出当光滑数据有 $n+1$ 个时，他们的 $\hat{y}_0$、$\hat{y}_1$、$\hat{y}_{n-1}$、$\hat{y}_n$ 的光滑计算式为

$$\hat{y}_0 = \hat{Y}_{-2} = \hat{Y}(X = X_0 = -2)$$
$$= \frac{1}{70}(69y_0 + 4y_1 - 6y_2 + 4y_3 - y_4) \quad (2-151)$$

$$\hat{y}_1 = \hat{Y}_{-1} = \hat{Y}(X = X_1 = -1)$$
$$= \frac{1}{35}(2y_0 + 27y_1 + 12y_2 - 8y_3 + 2y_4) \quad (2-152)$$

$$\hat{y}_{n-1} = \hat{Y}_1 = \hat{Y}(X = X_3 = 1)$$
$$= \frac{1}{35}(2y_{n-4} - 8y_{n-3} + 12y_{n-2} + 27y_{n-1} + 2y_n) \quad (2-153)$$

$$\hat{y}_n = \hat{Y}_2 = \hat{Y}(X = X_4 = 2)$$
$$= \frac{1}{70}(-y_{n-4} + 4y_{n-3} - 6y_{n-2} + 4y_{n-1} + 69y_n) \quad (2-154)$$

2. $2m+1$ 点二次光滑公式

当 $m=2$ 时即是五点二次光滑公式，$m=3,4,5$ 时分别为七点、九点、十一点二次光滑公式。仿照五点二次光滑公式，可以求得拟合公式的通式为

$$\hat{y}_i = \frac{1}{K}\sum_{j=-m}^{m} A_j y_{i+j} \quad (2-155)$$

其中，$\hat{y}_i$ 是光滑点光滑后的数值，K 为规范常数，m 是除中心点外参加光滑的点数的一半，A_j 是系数，y_{i+j} 是相应点的测量值。五点、七点、九点、十一点二次光滑公式中的各值具体见表 2-1。

表 2-1 二次光滑公式中的各值

m	2	3	4	5
K	35	21	429	429
A_0	17	7	179	143
$A_1 = A_{-1}$	12	6	135	120
$A_2 = A_{-2}$	-3	3	30	60
$A_3 = A_{-3}$		-2	-55	-10
$A_4 = A_{-4}$			15	-45
$A_5 = A_{-5}$				18

在光滑处理某组测量数据$(x_i, y_i)(i=1,2,\cdots,n)$时,需要根据实验课题的不同内容和要求,按需要合理选用公式。可选择的量有两个:一是参加光滑拟合的点数$2m+1$,也就是m;二是拟合方程的阶数q。m取值太小,则不足以达到应有的光滑效果;m取值太大,容易被周围的点所影响,会使测量点的特征减弱或消失,如使谱峰拉宽,把峰顶的测量值填入峰谷。而q取值一般不应大于4,比较适当的选取原则为:

$$q = 2(m < 3) \qquad (2-156)$$

$$q = 4(m > 4) \qquad (2-157)$$

此外,如果对光滑后各测量点数据的统计性质仍不满意,可以将光滑后各测量点的数据再进行一次光滑。但这样重复的次数不能太多,否则也会使测量点的特征消失或减弱。

2.4.3 多项式拟合阶数的选取

在用多项式进行曲线拟合时,正确地选取多项式的阶数是个重要的问题。阶数的选取是否合适将直接影响测量数据的方差估计。设用曲线拟合法已求出$\hat{a}_0, \hat{a}_1, \hat{a}_2, \cdots, \hat{a}_k$,就得到

$$\hat{y}(x) = \sum_{j=0}^{k} \hat{a}_j x^j \qquad (2-158)$$

其中参数$\hat{a}_j(j=0,1,2,\cdots,k)$是由$n$个测量点的数据$(x_i, y_i)(i=1,2,\cdots,n)$拟合得到的。

若所用多项式的阶数太低,即太小,则拟合曲线不能充分反映测量值变化的一般趋势,将引起很大的误差;若所用多项式阶数k高于$n-1$,则拟合曲线可以通过所有n个测量点。由于存在测量误差,这样得出的拟合曲线也不合理。拟合曲线应当尽量光滑地在测量点之间通过,而不应该在相邻的测量点间出现剧烈的波动(图2-1虚线)。因此,合理选择多项式的阶数是曲线拟合中必须要解决的问题。

当求出拟合曲线后,需要判断这条曲线是否基本上符合y与x之间的客观规律,这是拟合方程的显著性检验要解决的问题。现在介绍一种常用的方差分析法,其实质是对n个测量值与其算术平均值之差的平方和进行分解,将对各测量值的影响因素从数量上区别开,然后用F检验法,即方差分析法对所求拟合方程进行显著性检验。

1. 拟合问题的方差分析

测量值 $y_1, y_2, \cdots, y_n$ 之间的差异,是由两个方面引起的:① 自变量取值的不同;② 其他因素(包括测量误差)的影响。为了对拟合方程进行检验,首先必须把总变差分解成相应的两种变差。

n 个测量值之间的变差,可用测量值 y_i 与其算术平均值 $\bar{y}$ 的离差平方和来表示,称为总的离差平方和,可写成

$$S = \sum_{i=1}^n (y_i - \bar{y})^2 \tag{2-159}$$

对其进行分析可得

$$\begin{aligned}S &= \sum_{i=1}^n (y_i - \bar{y})^2 = \sum_{i=1}^n [(y_i - \hat{y}_i) + (\hat{y}_i - \bar{y})]^2 \\ &= \sum_{i=1}^n (y_i - \hat{y}_i)^2 + \sum_{i=1}^n (\hat{y}_i - \bar{y})^2 + 2\sum_{i=1}^n (y_i - \hat{y}_i)(\hat{y}_i - \bar{y})\end{aligned} \tag{2-160}$$

其中交叉项

$$\sum_{i=1}^n (y_i - \hat{y}_i)(\hat{y}_i - \bar{y}) = 0 \tag{2-161}$$

因此总的离差平方和可以分解为两部分,即

$$\sum_{i=1}^n (y_i - \bar{y})^2 = \sum_{i=1}^n (y_i - \hat{y}_i)^2 + \sum_{i=1}^n (\hat{y}_i - \bar{y})^2 \tag{2-162}$$

令

$$U = \sum_{i=1}^n (\hat{y}_i - \bar{y})^2 \tag{2-163}$$

它反映了在 y 的总变差中由于 x 和 y 的拟合曲线关系而引起 y 变化的部分,称为拟合平方和。

令

$$R = \sum_{i=1}^n (y_i - \hat{y}_i)^2 \tag{2-164}$$

它反映了测量值与拟合值的差 $y_i - \hat{y}_i$ 的平方和,是除了 x 对 y 的函数影响之外的一切因素(包括测量误差等)对 y 的变差的作用,称为残差平方和。

每个平方和都有一个称为自由度的数据与之相联系。如果总的离差平方和由 n 项组成,其自由度就是 $n-1$。如果一个平方和由几部分相互独立的平方和组成,则总的自由度等于各部分自由度之和。因总的离差平方和在数值上可以分解成拟合平方和与残差平方和两部分,所以总的离差平方和的自由度 v_S 也等于拟合平方和的自由

度 v_U 与残差平方和的自由度 v_R 之和,即

$$v_S = v_U + v_R \tag{2-165}$$

其中 $v_S = n - 1$;而 v_U 对应自变量的个数,因此在多项式拟合问题中 $v_U = k$,其中 k 为多项式阶数;则 R 的自由度 $v_R = n - k - 1$。

2. 拟合方程显著性检验

由拟合平方和与残差平方和的意义可知,一个拟合方程是否显著,也就是 y 与 x 的拟合函数关系是否密切,取决于 U 及 R 的大小。U 越大 R 越小,说明 y 与 x 的函数关系越密切。拟合方程显著性检验通常采用 F 检验法,因此要计算统计量 F,即

$$F = \frac{U/v_U}{R/v_R} \tag{2-166}$$

检验时,一般需查出 F 分布表中对应三种不同显著性水平的数值,记为 $F_\alpha(v_U, v_R)$。将这三个数与计算得出的 F 进行比较:

(1) 若 $F \geq F_{0.01}$,则认为拟合高度显著或称在 0.01 水平上显著;

(2) 若 $F_{0.01} > F \geq F_{0.05}$,则认为拟合显著或称在 0.05 水平上显著;

(3) 若 $F_{0.05} > F \geq F_{0.10}$,则认为拟合在 0.1 水平上显著;

(4) 若 $F_{0.10} > F$,一般认为拟合不显著。此时,y 对 x 的拟合函数关系就不密切。

3. 多项式拟合方差分析表

上述把平方和及自由度进行分解的方差分析,所有结果可归纳在一个表格中,这种表称为方差分析表,具体见表 2-2。其中,k 为拟合多项式的阶数,n 为测量点的个数,σ_y^2 为测量值的方差。

表 2-2 方差分析表

来源	平方和	自由度	方差	F	显著性
拟合	$U = \sum_{i=1}^{n}(\hat{y}_i - \bar{y})^2$	k	$\dfrac{U}{k}$	$\dfrac{U}{k\sigma_y^2}$	
残差	$R = \sum_{i=1}^{n}(y_i - \hat{y}_i)^2$	$n-k-1$	$\sigma_y^2 = \dfrac{R}{n-k-1}$		
总计	$S = \sum_{i=1}^{n}(y_i - \bar{y})^2$	$n-1$			

拟合方程的显著性检验可使用残差平方和对拟合平方和的 F 检验进行,表中的

F 为 F 检验的数学统计量,即

$$F = \frac{U/k}{R/(n-k-1)} = \frac{U}{k\sigma_y^2} \qquad (2-167)$$

当 $F \geq F_\alpha(v_U, v_R)$ 时,则认为拟合方程在 α 水平上显著。

4. 多项式拟合阶数的选取

根据上面介绍的方差分析和显著性检验可以对拟合多项式进行分析。一个拟合的多项式方程是显著的,并不意味着每一项对 y 的影响都是重要的。因此数据处理中总希望能找出影响 y 的次要因素,从拟合方程中剔除它们,以期建立更为简单的多项式方程。这样,各量之间关系也更明确,拟合计算也更方便。

那么,如何来考察每个特定因素在拟合中所起的作用呢?因为拟合平方和是所有参与拟合的多项式每个项的自变量对 y 变差的影响,所以若在所考察的许多项中去掉一项,拟合平方和只会减少,不会增加。减少的数值越大,说明该项在拟合中起的作用越大,也就是说该项越重要。把取消一项后拟合平方和减少的数值称为 y 对这个项 a^k 的偏拟合平方和,记作 P_k,即

$$P_k = U - U' \qquad (2-168)$$

式中,U 是 k 阶 $k+1$ 项式所引起的拟合平方和,U' 是去除 x^k 后的 $k-1$ 阶 k 项式引起的拟合平方和。因此,利用偏拟合平方和 P_k 可以衡量 x^k 项在拟合中所起的作用。

可以证明,偏拟合平方和 P_k 的计算公式为

$$P_k = \frac{\hat{a}_k^2}{c_{kk}} \qquad (2-169)$$

式中,$\hat{a}_k$ 是拟合多项式中第 k 阶项的系数,c_{kk} 是正规方程系数矩阵 $\boldsymbol{X}^T\boldsymbol{X}$ 的逆矩阵 $(\boldsymbol{X}^T\boldsymbol{X})^{-1}$ 中的第 k 行 k 列元素。

偏拟合平方和 P_k 大到什么程度才算显著,可用残差平方和 R_k 对它进行 F 检验。先计算统计量

$$F_k = \frac{P_k/1}{R_k/(n-k-1)} = \frac{P_k}{\sigma_y^2} \qquad (2-170)$$

当 $F_k \geq F_\alpha(1, n-k-1)$ 时,则认为变量 x^k 对 y 的影响在 α 水平上显著。

为此,我们可以得出判断 Y 与 X 的拟合函数关系是否以 k 阶为最佳的具体步骤:

① 用最小二乘法对测量数据分别作 k 阶和 $k-1$ 阶的多项式拟合,并算出相应的 k 阶多项式拟合时的残差平方和 R_k 和拟合平方和 U 以及 $k-1$ 阶多项式拟合时的拟合平方和 U';② 算出 F_k;③ 按显著性水平 $\alpha = 0.01$ 或 $\alpha = 0.05$ 查分布表,找出对应于自由度为 1 和 $n-k-1$ 的 F 分布的临界值 F_α;④ 比较 F_k 和 F_α,若 $F_k \geq F_\alpha$,说明 x^k 对 y 的影响在 α 水平上显著。因此,有必要用 k 阶的拟合。若 $F_k < F_\alpha$,说明 x^k 对 y 的影响在 α 水平上不显著,即 k 阶拟合和 $k-1$ 阶拟合这两种拟合效果相差甚微。因此不需要用 k 阶拟合,只要用 $k-1$ 阶就可以了。

一般用多项式拟合曲线时,总是先从低阶开始拟合。当检验确定需要有 k 阶的拟合后,还需要类似地检验用 $k+1$ 阶来拟合是否有必要。这样继续下去,一直到有确定意义的最高阶数为止。当然,选择开始拟合的阶数时,要根据对研究课题的认识来合理选择,而不是一概从直线方程,即从 1 阶开始。这样做缺乏科学性,也浪费了计算机的使用时间。虽然,在电子计算机上很容易完成多项式拟合,例如,用 5 阶多项式拟合 20 个测量点,计算机计算 6 个参数的估计值所需要的时间相当于完成约 600 次乘法,若一次乘法需用时 10 μs,则完成整个计算仅需约 6 ms,但也应尽量减少这种缺乏思考的盲目依靠计算机的做法。

2.5 正交多项式族的应用

前面介绍了用一个多项式来拟合测量数据,可以看到,当 k 较大时特别是当 $k>6$ 时,其计算工作量是相当大的,这是因为在求解正规方程时要计算逆矩阵 $(X^T X)^{-1}$,这是一个 $k+1$ 阶的矩阵。显然,如果能使矩阵 $X^T X$ 变换成一个对角矩阵,那么计算就能变得简单,统计运算则可变成代数运算。

2.5.1 曲线拟合中正交多项式族的使用

若有一族多项式,其中任两个不同的多项式都是正交的,则称它们为正交多项式族。即若一族多项式中任意两个多项式 $P_\mu(x)$ 和 $P_v(x)$ 有如下关系:

$$\sum_{i=1}^{n} P_\mu(x_i) P_v(x_i) = 0 \quad (\mu \neq v) \qquad (2-171)$$

则这一多项式是正交多项式族。

在曲线拟合中，使用多项式进行拟合。假设 Y 与 X 有如下的函数形式：

$$Y = a_0 + a_1 X + a_2 X^2 + \cdots + a_k X^k = \sum_{j=0}^{k} a_j X^j \qquad (2-172)$$

用正交多项式族表示 Y 与 X 两变量之间的函数关系，可将 Y 写成

$$Y = b_0 P_0(x) + b_1 P_1(x) + \cdots + b_k P_k(x) \qquad (2-173)$$

其中 $P_0(x), P_1(x), \cdots, P_k(x)$ 是正交多项式族。显然，只要可以求得 $\hat{b}_j(j=0,1,2,\cdots,k)$，带入式(2-173)经整理即可求得 Y。

因此，我们讨论下如何使用正规方程求解 $\hat{b}_j(j=0,1,2,\cdots,k)$。

正规方程中矩阵 $\boldsymbol{X}$ 应为

$$\boldsymbol{X} = \begin{pmatrix} P_0(x_1) & P_1(x_1) & \cdots & P_k(x_1) \\ P_0(x_2) & P_1(x_2) & \cdots & P_k(x_2) \\ \vdots & \vdots & & \vdots \\ P_0(x_n) & P_1(x_n) & \cdots & P_k(x_n) \end{pmatrix} \qquad (2-174)$$

$$\boldsymbol{X}^{\mathrm{T}} \boldsymbol{Y} = \begin{pmatrix} \sum_{i=1}^{n} P_0(x_i) y_i \\ \sum_{i=1}^{n} P_1(x_i) y_i \\ \vdots \\ \sum_{i=1}^{n} P_k(x_i) y_i \end{pmatrix} \qquad (2-175)$$

相应的矩阵 $\boldsymbol{X}^{\mathrm{T}} \boldsymbol{X}$ 为对角矩阵，即

$$\boldsymbol{X}^{\mathrm{T}} \boldsymbol{X} = \begin{pmatrix} \sum_{i=1}^{n} P_0^2(x_i) & 0 & \cdots & 0 \\ 0 & \sum_{i=1}^{n} P_1^2(x_i) & \cdots & 0 \\ \vdots & \vdots & & \vdots \\ 0 & 0 & \cdots & \sum_{i=1}^{n} P_k^2(x_i) \end{pmatrix} \qquad (2-176)$$

$(\boldsymbol{X}^{\mathrm{T}} \boldsymbol{X})^{-1}$ 也为对角矩阵，即

$$(X^TX)^{-1} = \begin{pmatrix} \dfrac{1}{\sum_{i=1}^{n} P_0^2(x_i)} & 0 & \cdots & 0 \\ 0 & \dfrac{1}{\sum_{i=1}^{n} P_1^2(x_i)} & \cdots & 0 \\ \vdots & \vdots & & \vdots \\ 0 & 0 & \cdots & \dfrac{1}{\sum_{i=1}^{n} P_k^2(x_i)} \end{pmatrix} \quad (2-177)$$

各参数 $b_j(j=0,1,2,\cdots,k)$ 的解为

$$B = \begin{pmatrix} \hat{b}_0 \\ \hat{b}_1 \\ \vdots \\ \hat{b}_k \end{pmatrix} = (X^TX)^{-1}(X^TY) = \begin{pmatrix} \sum_{i=1}^{n} P_0(x_i)y_i \Big/ \sum_{i=1}^{n} P_0^2(x_i) \\ \sum_{i=1}^{n} P_1(x_i)y_i \Big/ \sum_{i=1}^{n} p_1^2(x_i) \\ \vdots \\ \sum_{i=1}^{n} P_k(x_i)y_i \Big/ \sum_{i=1}^{n} P_k^2(x_i) \end{pmatrix} \quad (2-178)$$

$\hat{b}_j(j=0,1,2,\cdots,k)$ 的方差 $\sigma_{\hat{b}_j}^2(j=0,1,2,\cdots,k)$ 为

$$\sigma_{\hat{b}_j}^2 = \frac{\sigma_y^2}{\sum_{i=1}^{n} P_j^2(x_i)} \quad (j=0,1,2,\cdots,k) \quad (2-179)$$

由前面的介绍知

$$\sigma_y^2 = \frac{R}{n-k-1} = \frac{\sum_{i=1}^{n}(y_i-\hat{y}_i)^2}{n-k-1} \quad (2-180)$$

其中 $\hat{y}_i = \hat{b}_0 P_0(x_i) + \hat{b}_1 P_1(x_i) + \cdots + \hat{b}_k P_k(x_i)$。

如果可以用正交多项式族来拟合,则可按照上述的步骤求出 $\hat{b}_j(j=0,1,2,\cdots,k)$。

2.5.2 正交多项式族的构成

将正交多项式族用于曲线拟合会带来计算上的方便,那么怎样写出这些相互正

交的多项式呢？现介绍构成正交多项式族 $P_0(x), P_1(x), \cdots, P_k(x)$ 的方法。

（1）$P_0(x)$：规定 $P_0(x) = 1$。

（2）$P_1(x)$：规定为 x 和 $P_0(x)$ 的线性组合，即

$$P_1(x) = x + k_{10}P_0(x) = x + k_{10} \tag{2-181}$$

其中 k_{10} 是待定系数。根据多项式族的正交性可以确定

$$\sum_{i=1}^{n} P_0(x_i)P_1(x_i) = 0 \tag{2-182}$$

即

$$\sum_{i=1}^{n}(x_i + k_{10}) = \sum_{i=1}^{n} x_i + nk_{10} = 0 \tag{2-183}$$

解得

$$k_{10} = -\frac{1}{n}\sum_{i=1}^{n} x_i = -\bar{x} \tag{2-184}$$

因此

$$P_1(x) = x - \bar{x} \tag{2-185}$$

（3）$P_2(x)$：规定为 $(x-\bar{x})^2$、$P_1(x)$ 和 $P_0(x)$ 三者的线性组合，即

$$\begin{aligned}P_2(x) &= (x-\bar{x})^2 + k_{21}P_1(x) + k_{20}P_0(x) \\ &= (x-\bar{x})^2 + k_{21}(x-\bar{x}) + k_{20}\end{aligned} \tag{2-186}$$

由正交性可以确定 k_{21} 和 k_{20}：

$$\left.\begin{array}{l}\sum_{i=1}^{n} P_2(x_i)P_0(x_i) = 0 \\ \sum_{i=1}^{n} P_2(x_i)P_1(x_i) = 0\end{array}\right\} \tag{2-187}$$

即

$$\sum_{i=1}^{n}(x_i - \bar{x})^2 + nk_{20} = 0 \tag{2-188}$$

$$\sum_{i=1}^{n} P_1(x_i)(x_i - \bar{x})^2 + \sum_{i=1}^{n} k_{21}P_1^2(x_i) = 0 \tag{2-189}$$

求解得

$$k_{20} = -\frac{1}{n}\sum_{i=1}^{n}(x_i - \bar{x})^2 \tag{2-190}$$

$$k_{21} = -\frac{\sum_{i=1}^{n} P_1(x_i)(x_i - \bar{x})^2}{\sum_{i=1}^{n} P_1^2(x_i)} = -\frac{\sum_{i=1}^{n} (x_i - \bar{x})^3}{\sum_{i=1}^{n} (x_i - \bar{x})^2} \quad (2-191)$$

故

$$P_2(x) = (x_i - \bar{x})^2 - \frac{\sum_{i=1}^{n} P_1(x_i)(x_i - \bar{x})^2}{\sum_{i=1}^{n} P_1^2(x_i)} P_1(x) - \frac{1}{n} \sum_{i=1}^{n} (x_i - \bar{x})^2 P_0(x)$$

$$= (x - \bar{x})^2 - \frac{\sum_{i=1}^{n} (x_i - \bar{x})^3}{\sum_{i=1}^{n} (x_i - \bar{x})^2} \left(x - \frac{1}{n} \sum_{i=1}^{n} x_i\right) - \frac{\sum_{i=1}^{n} (x_i - \bar{x})^2}{n} \quad (2-192)$$

以此类推，$P_m(x)$ 可以写成 $(x - \bar{x})^m, P_{m-1}(x), P_{m-2}(x), \cdots, P_0(x)$ 的线性组合，即

$$P_m(x) = (x - \bar{x})^m + k_{m,m-1} P_{m-1}(x) + k_{m,m-2} P_{m-2}(x) + \cdots + k_{m,0} P_0(x) \quad (2-193)$$

由正交性条件可得

$$\sum_{i=1}^{n} P_j(x_i)(x_i - \bar{x})^m + k_{mj} \sum_{i=1}^{n} P_j^2(x_i) = 0 \quad (j = m-1, m-2, \cdots, 0) \quad (2-194)$$

因此可以求出

$$k_{mj} = -\frac{\sum_{i=1}^{n} P_j(x_i)(x_i - \bar{x})^m}{\sum_{i=1}^{n} P_j^2(x_i)} \quad (j = m-1, m-2, \cdots, 0) \quad (2-195)$$

故

$$P_m(x) = (x - \bar{x})^m - \frac{\sum_{i=1}^{n} P_{m-1}(x_i)(x_i - \bar{x})^m}{\sum_{i=1}^{n} P_{m-1}^2(x_i)} P_{m-1}(x) -$$

$$\frac{\sum_{i=1}^{n} P_{m-2}(x_i)(x_i - \bar{x})^m}{\sum_{i=1}^{n} P_{m-2}^2(x_i)} P_{m-2}(x) - \cdots - \frac{\sum_{i=1}^{n} (x_i - \bar{x})^m}{n} \quad (2-196)$$

通过以上讨论可以看出，在利用正交多项式族拟合测量数据时，关于系数 $\hat{b}_j$ 或多项式 $P_j(x)$ 的计算过程是可以逐阶相继往高阶进行的。如果已拟合到第 j 阶多项式，若再想增加 1 阶，则只需要在已拟合的 j 阶多项式的基础上再对第 $j+1$ 阶系

数 $\hat{b}_{j+1}$ 和多项式 $P_{j+1}(x)$ 进行计算即可,而不必改变 j 阶以前的计算。这种计算的相继性使得改变拟合阶数非常方便,这也是在数据拟合中常利用正交多项式族的一个重要原因。

2.5.3　自变量等间距变化的直线方程计算

设有一组等精度测量下自变量等间距变化的数据 $(x_i, y_i)(i=1,2,\cdots,n)$,试求拟合的直线方程

$$\hat{y} = \hat{a}_0 + \hat{a}_1 x$$

先将上式改写成用正交多项式族表示的形式

$$\hat{y} = \hat{b}_0 P_0(x) + \hat{b}_1 P_1(x)$$

其中 $P_0(x)$ 和 $P_1(x)$ 为相互正交的多项式。通过求解 $\hat{b}_0$、$\hat{b}_1$ 即可以求出上式中的直线方程。

通过前面的分析可知,

$$P_0(x) = 1$$

$$P_1(x) = x - \bar{x}$$

于是有

$$\hat{y} = \hat{b}_0 + \hat{b}_1(x - \bar{x})$$

因此 $\boldsymbol{B}$ 矩阵可以写为

$$\boldsymbol{B} = \begin{pmatrix} \hat{b}_0 \\ \hat{b}_1 \end{pmatrix} = (\boldsymbol{X}^{\mathrm{T}} \boldsymbol{X})^{-1} \boldsymbol{X}^{\mathrm{T}} \boldsymbol{Y}$$

$$= \begin{pmatrix} \dfrac{\sum\limits_{i=1}^{n} P_0(x_i) y_i}{\sum\limits_{i=1}^{n} P_0^2(x_i)} \\ \dfrac{\sum\limits_{i=1}^{n} P_1(x_i) y_i}{\sum\limits_{i=1}^{n} P_1^2(x_i)} \end{pmatrix}$$

$$= \begin{pmatrix} \dfrac{\sum_{i=1}^{n} y_i}{n} \\ \dfrac{\sum_{i=1}^{n}(x_i - \bar{x})y_i}{\sum_{i=1}^{n}(x_i - \bar{x})^2} \end{pmatrix}$$

$$= \begin{pmatrix} \bar{y} \\ \sum_{i=1}^{n}(x_i - \bar{x})y_i \Big/ \sum_{i=1}^{n}(x_i - \bar{x})^2 \end{pmatrix} \quad (2-197)$$

由于自变量是等间距变化的,因此

$$x_i = x_1 + (i-1)d \quad (2-198)$$

$$\bar{x} = \frac{1}{2}[x_1 + x_1 + (n-1)d] = x_1 + \frac{(n-1)d}{2} \quad (2-199)$$

其中 d 是自变量间的间距。将其带入 $\hat{b}_1$ 的表达式可得

$$\hat{b}_1 = \frac{\sum_{i=1}^{n}(x_i - \bar{x})y_i}{\sum_{i=1}^{n}(x_i - \bar{x})^2} = \frac{\sum_{i=1}^{n}\left(i - \dfrac{n+1}{2}\right)dy_i}{\sum_{i=1}^{n}\left(i - \dfrac{n+1}{2}\right)^2 d^2}$$

$$= \frac{\sum_{i=1}^{n}\left(i - \dfrac{n+1}{2}\right)y_i}{\sum_{i=1}^{n}\left(i - \dfrac{n+1}{2}\right)^2 d} \quad (2-200)$$

当 $n=2$ 时,

$$\hat{b}_1 = \frac{y_2 - y_1}{d} \quad (2-201)$$

当 $n=3$ 时,

$$\hat{b}_1 = \frac{y_3 - y_1}{2d} \quad (2-202)$$

当 $n=4$ 时,

$$\hat{b}_1 = \frac{3(y_4 - y_1) + (y_3 - y_2)}{10d} \quad (2-203)$$

当 $n=5$ 时,

$$\hat{b}_1 = \frac{2(y_5 - y_1) + (y_4 - y_2)}{10d} \tag{2-204}$$

当 $n = 6$ 时,

$$\hat{b}_1 = \frac{5(y_6 - y_1) + 3(y_5 - y_2) + (y_4 - y_3)}{35d} \tag{2-205}$$

$\hat{b}_1$ 的表达式可以写为

$$\hat{b}_1 = \frac{W_1(b_1)y_1 + W_2(b_1)y_2 + \cdots + W_n(b_1)y_n}{\lambda sd} \tag{2-206}$$

这样,统计运算就变成了简单的四则运算,结果可以迅速求出,特别是在数据很多的情况下非常有利。λs 及 $W_i(b_1)$ 还可以由以下公式求得。

当测量点为奇数,即 n 为奇数时:

$$\lambda s = \frac{n(n-1)(n+1)}{12} \tag{2-207}$$

$$W_i(b_1) = i - \frac{n+1}{2} \quad (i = 1, 2, \cdots, n) \tag{2-208}$$

当测量点为偶数,即 n 为偶数时:

$$\lambda s = \frac{n(n-1)(n+1)}{6} \tag{2-209}$$

$$W_i(b_1) = 2i - (n+1) \quad (i = 1, 2, \cdots, n) \tag{2-210}$$

2.5.4 自变量等间距变化时多项式拟合计算

前面已经介绍了一般情况下曲线拟合中正交多项式族的使用和构成方法。但许多测量条件是在自变量等间距变化的情况下进行测量的,其算法较简便。所以这里将讨论这一算法。

假如多项式拟合方程为

$$\hat{y} = \hat{a}_0 + \hat{a}_1 x + \hat{a}_2 x^2 + \cdots + \hat{a}_k x^k$$

利用正交多项式族可将其改写为

$$\hat{y} = \hat{b}_0 P_0(x) + \hat{b}_1 P_1(x) + \cdots + \hat{b}_k P_k(x)$$

按照前面的推论,可逐一写出 $P_0(x), P_1(x), \cdots, P_k(x)$。

首先写出 $P_0(x) = 1, P_1(x) = x - \bar{x}$。对于 $P_2(x)$,由于自变量之间为等间距变

化,于是有

$$x_i - \bar{x} = \left(i - \frac{n+1}{2}\right)d \quad (2-211)$$

$$\sum_{i=1}^{n}(x_i - \bar{x})^{2l+1} = 0 \quad (2-212)$$

$$\sum_{i=1}^{n}(x_i - \bar{x})^2 = \sum_{i=1}^{n}\left(i - \frac{n+1}{2}\right)^2 d^2$$

$$= d^2\left[\sum_{i=1}^{n}i^2 - (n+1)\sum_{i=1}^{n}i + \frac{n(n+1)^2}{4}\right]$$

$$= \frac{n(n^2-1)}{12}d^2 \quad (2-213)$$

所以

$$P_2(x) = (x - \bar{x})^2 - \frac{n^2-1}{12}d^2 \quad (2-214)$$

故

$$P_m(x) = P_1(x)P_{m-1}(x) - \frac{(m-1)^2[n^2-(m-1)^2]}{4[4(m-1)^2-1]}d^2 P_{m-2}(x) \quad (2-215)$$

因此,多项式拟合式可以写为

$$\hat{y} = \hat{b}_0 + \hat{b}_1(x - \bar{x}) + \hat{b}_2\left[(x - \bar{x})^2 - \frac{n^2-1}{12}d^2\right] +$$

$$\hat{b}_3\left[(x - \bar{x})^3 - \frac{3n^2-7}{20}(x - \bar{x})d^2\right] +$$

$$\hat{b}_4\left[(x - \bar{x})^4 - \frac{3n^2-13}{14}(x - \bar{x})^2 d^2 + \frac{3(n^2-1)(n^2-9)}{560}d^4\right] +$$

$$\hat{b}_5\left[(x - \bar{x})^5 - \frac{5(n^2-7)}{18}(x - \bar{x})^3 d^2 + \frac{15n^4-230n^2+407}{1028}(x - \bar{x})d^4\right] + \cdots \quad (2-216)$$

根据式(2-178)可知,**B** 矩阵的解为

$$\hat{b}_0 = \frac{\sum_{i=1}^{n}P_0(x_i)y_i}{\sum_{i=1}^{n}P_0^2(x_i)} = \frac{1}{n}(y_1 + y_2 + \cdots + y_n) \quad (2-217)$$

$$\hat{b}_1 = \frac{\sum_{i=1}^{n}P_1(x_i)y_i}{\sum_{i=1}^{n}P_1^2(x_i)} = \frac{W_1(b_1)y_1 + W_2(b_1)y_2 + \cdots + W_n(b_1)y_n}{(\lambda s)_{b_1}d} \quad (2-218)$$

$$\hat{b}_2 = \frac{W_1(b_2)y_1 + W_2(b_2)y_2 + \cdots + W_n(b_2)y_n}{(\lambda s)_{b_2}d^2} \quad (2-219)$$

$$\hat{b}_3 = \frac{W_1(b_3)y_1 + W_2(b_3)y_2 + \cdots + W_n(b_3)y_n}{(\lambda s)_{b_3} d^3} \quad (2-220)$$

$$\vdots$$

参考资料

[1] 费业泰. 误差理论与数据处理[M]. 北京:机械工业出版社,1981.

[2] 滕敏康. 实验误差与数据处理[M]. 南京:南京大学出版社,1989.

[3] 梁昌洪. 从实验数据处理谈起[M]. 西安:西安电子科技大学出版社,1996.

第 3 章 半导体物理基础

半导体光电子器件、逻辑器件、功率器件是现代信息产业的基石,这些器件依赖半导体材料特殊的、可调控的性质。对半导体材料性质的研究及半导体功能器件的开发和应用将加速信息社会的发展。深入理解半导体材料的光电性质,包括光吸收、载流子浓度、载流子输运过程,以及半导体器件特性,如界面接触特性、器件内载流子的输运,对设计和开发新型半导体材料和器件具有重要的指导意义。本章将主要阐述半导体材料的基本特性,为分析半导体材料的性质和器件设计打下基础。

如图 3-1 所示,按照电阻率的大小进行分类可将材料分为导体、半导体和绝缘体,其中半导体的电阻率在 10^{-3} $\Omega \cdot cm$ 到 10^8 $\Omega \cdot cm$ 之间,电阻率大于 10^8 $\Omega \cdot cm$ 的一般为绝缘体,电阻率小于 10^{-3} $\Omega \cdot cm$ 的一般为导体。

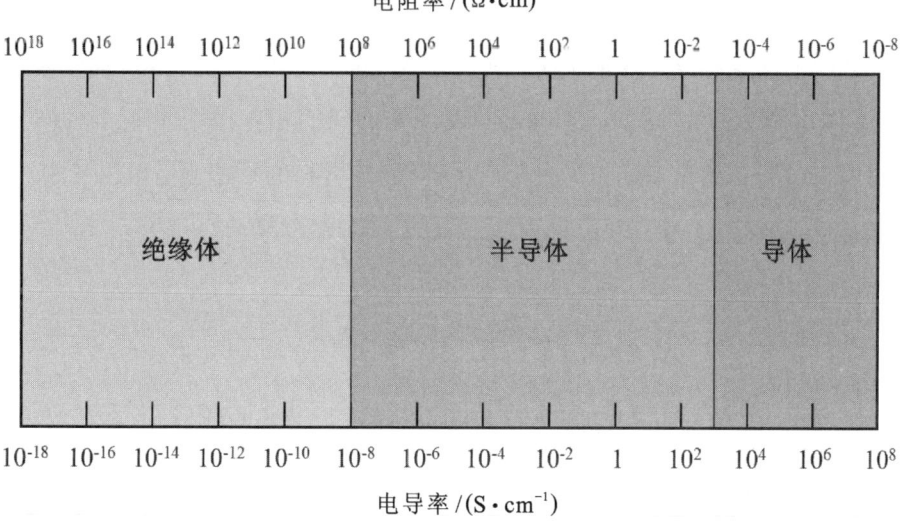

图 3-1 绝缘体、半导体和导体的电阻率和电导率范围

利用电阻率的分类标准可以很好地对材料进行归类,但无法反映材料的组成、

结构及其与本征导电特性之间的关联,无法解释相似材料之间巨大性能差异的根源,也无法揭示半导体材料特殊的光电性质及其调控机理,因此难以有效地指导材料的开发和器件的设计及优化。

20世纪30年代,在固态电子理论的基础之上,结合量子力学和统计物理学发展出了固体能带理论,揭示了电子在周期性结构晶体材料中独特的运动形式和特点,以及电子在外加电场作用下的输运特性和空穴的概念,为理解和发展新型半导体材料提供了理论基础。能带理论是目前研究固体中的电子状态,解释固体性质(包括半导体、绝缘体等)最重要的理论基础。

3.1 固体能带理论基础

固体能带理论的研究对象或内容是周期性晶体内部电子的特性,即电子的能量和波矢的关系($E \sim k$)。在形成化合物及晶体的过程中起主要作用的是原子的最外层电子,在讨论固体中电子的运动时可只考虑最外层价电子的贡献,而忽略芯电子的作用。因此,可以将原子抽象为价电子、芯电子与原子核的集合离子实两个部分。电子属于微观粒子的范畴,其运动规律应当采用量子力学的方法进行处理和分析。在求解固体材料中电子的运动状态时,需要写出电子的哈密顿量,进而构建薛定谔方程进行求解。若将原子抽象成离子实和价电子的组合,并假设每个原子的价电子数为Z,则固体材料体系的哈密顿量由五部分组成,分别为:① NZ个价电子的动能$\hat{T}_e$;② 电子之间的库仑相互作用能$V_{ee}(r_i,r_j)$;③ N个离子实的动能$\hat{T}_n$;④ 离子实之间的库仑相互作用能$V_{nm}(\boldsymbol{R}_n,\boldsymbol{R}_m)$;⑤ 电子与离子实之间的相互作用能$V_{en}(\boldsymbol{r}_i,\boldsymbol{R}_n)$,$\boldsymbol{r}_i$和$\boldsymbol{R}_n$分别代表电子和离子实的位置坐标。因此,固体材料的哈密顿量可以写为

$$\hat{H} = -\sum_{i=1}^{NZ} \frac{\hbar^2}{2m} \nabla_i^2 + \frac{1}{2} \sum_{i,j} \frac{1}{4\pi\varepsilon_0} \frac{e^2}{|r_i - r_j|} - \sum_{n=1}^{N} \frac{\hbar^2}{2M} \nabla_n^2 +$$

$$\frac{1}{2} \sum_{n,m} \frac{1}{4\pi\varepsilon_0} \frac{(Ze)^2}{|\boldsymbol{R}_n - \boldsymbol{R}_m|} - \sum_{i=1}^{NZ} \sum_{n=1}^{N} \frac{1}{4\pi\varepsilon_0} \frac{Ze^2}{|\boldsymbol{r}_i - \boldsymbol{R}_n|}$$

$$= \hat{T}_e + V_{ee}(r_i, r_j) + \hat{T}_n + V_{nm}(\boldsymbol{R}_n, \boldsymbol{R}_m) + V_{en}(\boldsymbol{r}_i, \boldsymbol{R}_n) \qquad (3-1)$$

固体材料中的原子密度在10^{23} cm^{-3}量级,因此无法严格求解以式(3-1)为哈密顿算符的薛定谔方程,需要采用近似的方法将其进行简化。由于电子的质量大约只有原子核质量的1/1836,相对于电子来讲,可近似认为原子核处于静止状态。式(3-1)中,将原子实的动能项$\hat{T}_n$和原子核之间的势能$V_{nm}(\boldsymbol{R}_n,\boldsymbol{R}_m)$看作常数,这样就可以简

化哈密顿量和薛定谔方程求解的难度,该近似也称绝热近似。经过绝热近似的处理,可以仅考虑电子运动对能带结构的贡献,此时哈密顿量可化简为

$$\hat{H} = \hat{T}_e + V_{ee}(\boldsymbol{r}_i,\boldsymbol{r}_j) + V_{en}(\boldsymbol{r}_i,\boldsymbol{R}_n) \quad (3-2)$$

采用绝热近似后,将多粒子体系简化为多电子体系,现在仅需要考虑多电子体系中电子的运动状态和特点。由于电子之间的库伦作用为一长程力,因此所有电子的运动都关联在一起,这样的多电子系统仍然非常复杂。如果将其余电子对一个电子的相互作用等价为一个不随时间变化的平均场,即

$$V_{ee}(\boldsymbol{r}_i,\boldsymbol{r}_j) = -\frac{1}{2}\sum_{i,j}^{NZ} \frac{1}{4\pi\varepsilon_0} \frac{e^2}{|\boldsymbol{r}_i - \boldsymbol{r}_j|} = \sum_{i=1}^{NZ} V_e(\boldsymbol{r}_i) \quad (3-3)$$

此时哈密顿量可进一步简化为

$$\hat{H} = -\sum_{i=1}^{NZ}\left[\frac{\hbar^2}{2m}\nabla_i^2 + V_e(\boldsymbol{r}_i) - \sum_{n=1}^{N} \frac{1}{4\pi\varepsilon_0} \frac{Ze^2}{|\boldsymbol{r}_i - \boldsymbol{R}_m|}\right] \quad (3-4)$$

从式(3-4)可知,体系的哈密顿量可以看作是所有单个电子的线性叠加,因此可以采用分离变量的方法,得到所有电子都满足同样的薛定谔方程,从而使一个多电子体系简化为一个单电子问题,此即平均场近似,也称单电子近似。

$$\hat{H} = -\sum_{i=1}^{NZ}\left[\frac{\hbar^2}{2m}\nabla_i^2 + V_e(\boldsymbol{r}_i) - \sum_{n=1}^{N} \frac{1}{4\pi\varepsilon_0} \frac{Ze^2}{|\boldsymbol{r}_i - \boldsymbol{R}_n|}\right] = -\sum_{i=1}^{NZ}\left[\frac{\hbar^2}{2m}\nabla_i^2 + V_i(\boldsymbol{r})\right]$$

$$\hat{H}_i = \frac{\hbar^2}{2m}\nabla_i^2 + V_i(\boldsymbol{r})$$

其中

$$V_i(\boldsymbol{r}) = V_e(\boldsymbol{r}_i) - \sum_{n=1}^{N} \frac{1}{4\pi\varepsilon_0} \frac{Ze^2}{|\boldsymbol{r}_i - \boldsymbol{R}_n|} \quad (3-5)$$

原子在晶体中的排列具有周期性,因此可以假设电子在周期性的势场中运动,且该势场的周期性与晶体的周期性一致,该近似也称周期场近似,进一步将问题简化为单电子在周期性势场中的运动,即

$$\hat{H} = \frac{\hbar^2}{2m}\nabla^2 + V(\boldsymbol{r})$$

$$V(\boldsymbol{r} + \boldsymbol{R}_n) = V(\boldsymbol{r}) \quad (3-6)$$

从式(3-6)可以看出,经过绝热近似、平均场近似和周期场近似处理后,可以将多粒子体系的复杂运动问题转化为单电子在周期性势场中的运动问题,因此固体能带理

论也可称为固体的单电子理论。单电子方程是整个能带理论研究的出发点,单电子近似的固体能带理论给出了电子在周期性势场中的运动状态及其在外加电场中的运动规律,从本质上揭示了材料导电性的差异来源于材料的能带结构。

虽然晶体中电子的运动可以简化成求解周期场作用下的单电子薛定谔方程,但具体求解仍是困难的,而且不同晶体中周期场的形式和强弱也是不同的,需要针对具体问题进行求解。布洛赫(Bloch)首先讨论了在晶体周期场中运动的单电子波函数应具有的形式,给出了周期场中单电子状态的一般特征,这对于理解晶体中电子的性质,求解具体问题具有指导意义。在周期性势场中运动的电子,其波函数应当具有的形式为

$$\psi_k(\boldsymbol{r}) = \mathrm{e}^{ikr} u_k(\boldsymbol{r}) \tag{3-7}$$

$$u_k(\boldsymbol{r}) = u_k(\boldsymbol{r} + \boldsymbol{R}_n) \tag{3-8}$$

其中 $\boldsymbol{R}_n$ 为格矢量。布洛赫发现,不管周期性势场的具体函数形式如何,在周期性势场中运动的单电子的波函数不再是平面波,而是调幅平面波,其振幅也不再是常数,而是具有与晶体相同的变化周期。布洛赫定理说明了一个在周期场中运动的电子波函数为一个自由电子波函数 $\mathrm{e}^{i\boldsymbol{k}\cdot\boldsymbol{r}}$ 与一个具有晶体结构周期性的函数 $u_k(\boldsymbol{r})$ 的乘积。这种波函数称为布洛赫波函数,它描述的电子为布洛赫电子,该定理为布洛赫定理。这在物理上反映了晶体中的电子既有共有化的倾向,又有受到周期性排列离子的束缚的特点。

布洛赫定理也可表述为

$$\psi_k(\boldsymbol{r} + \boldsymbol{R}_n) = \mathrm{e}^{i(\boldsymbol{k}\cdot\boldsymbol{R}_n)} \psi_k(\boldsymbol{r}) \tag{3-9}$$

它表明在不同原胞的对应点上,波函数只相差一个相位因子 $\mathrm{e}^{i(\boldsymbol{k}\cdot\boldsymbol{R}_n)}$,它不影响波函数的大小,所以电子出现在不同原胞的对应点上的概率是相同的,这正是晶体周期性的反映。

在周期性势场中运动的电子,波矢 $\boldsymbol{k}$ 的取值和含义与自由粒子波矢的取值和含义有很大的不同。对于布洛赫电子,波矢 $\boldsymbol{k}$ 是对应于平移算符本征值的量子数,其物理意义表示不同原胞之间电子波函数的相位变化。如果两个波矢 $\boldsymbol{k}$ 和 $\boldsymbol{k}'$ 相差一个倒格矢 $\boldsymbol{G}_n$,这两个波矢所对应的平移算符本征值相同,即两个波矢 $\boldsymbol{k}$ 和 $\boldsymbol{k}' = \boldsymbol{k} + \boldsymbol{G}_n$ 所描述的电子在晶体中的运动状态相同。因此,为了使 $\boldsymbol{k}$ 和平移算符的本征值一一对应,$\boldsymbol{k}$ 必须限制在一定范围内,即没有两个波矢 $\boldsymbol{k}$ 相差一个倒格矢 $\boldsymbol{G}_n$。通常将 $\boldsymbol{k}$ 取在由各个倒格矢的垂直平分面所围成的包含原点在内的最小封闭体积内,即简约布里渊区或第一布里渊区中。

对于波矢取值的几点说明:① 布洛赫波函数中的实矢量 k 起着标志电子状态量子数的作用,称作波矢,波函数和能量本征值都和 k 有关,不同的 k 表示电子不同的状态。② 对于自由电子而言,波矢 k 有明确的物理意义,$\hbar k$ 是自由电子的动量本征值。但布洛赫波函数不是动量本征函数,它只是晶体周期场中电子能量的本征函数,因此,$\hbar k$ 不是布洛赫电子的真实动量,但它具有动量量纲。在考虑电子在外加电场中的运动以及电子同声子、光子的相互作用时会发现,$\hbar k$ 起着动量的作用,因此 $\hbar k$ 被称作布洛赫电子的准动量或晶体动量。③ 晶格周期性和周期性边界条件确定了 k 只能在第一布里渊区内取 N(晶体原胞数目)个值。

除此之外,布洛赫电子的能量值具有如下的特性。

1. 平移对称性

$$E_n(k) = E_n(k + G_n) \qquad (3-10)$$

布洛赫定理指出,简约波矢 k 表示原胞之间电子波函数相位的变化,如果 k 改变一个倒格矢量,它们所标志的原胞之间波函数相位的变化是相同的,也就是说 k 和 $k + G_n$ 是等价的,从这点出发也可认为 $E_n(k)$ 是 k 空间的周期函数,其周期等于倒格矢。

2. 点群对称性

$$E_n(k) = E_n(\alpha k) \qquad (3-11)$$

在 k 空间中 $E_n(k)$ 具有与晶体点群完全相同的对称性。这样就可以在晶体能带计算和表述中把第一布里渊区分成若干个等价的小区域,只取其中一个就足够了。区域大小为第一布里渊区的 $1/f$,f 为晶体点群对称操作元素数。如三维立方晶体 $f=48$。

3. 反演对称性

$$E_n(k) = E_n(-k) \qquad (3-12)$$

这个结论不依赖于晶体的点群对称性,不管晶体中是否有对称中心,在 k 空间中 $E_n(k)$ 总是具有反演对称性。

根据布洛赫定理的推论,采用空格子模型可以定性说明能带和能隙产生的原因。空格子模型以自由电子模型为出发点,即以势场严格为零的薛定谔方程的解为基础,但必须同时满足晶体平移对称性的要求。自由电子的 $E-k$ 关系具有抛物线的形式,如图 3-2(a)所示。考虑到布洛赫电子能量具有周期性的特点,可将自由电子的 $E-k$ 关系平移一倒格矢,形成如图 3-2(b)所示的图形。晶格周期性和周期性边界条件确定了 k 在第一布里渊区内取值便可表示所有电子的运动状态，从而获得如图 3-2(c) 所示的第一布里渊区内电子的 $E-k$ 关系，其中 $E-k$ 曲线上交点处为简并态。考虑到晶格周期性势场的影响，体系存在退简并的趋势，在这些能量交点处出现能量突变，从而形成能隙。其他部分 $E-k$ 曲线形状受到的影响很小，基本保持了空格子模型的抛物线形式。所以说，近自由电子近似下晶体电子的能级被区分成为电子可以占据的能带以及不能占据的禁带。根据材料中电子的能量填充状态，将能量最低未填充的能带称为导带，能量最高的填充能带称为价带，导带底 E_{CM} 和价带顶 E_{VM} 之间的能量差称为带隙。

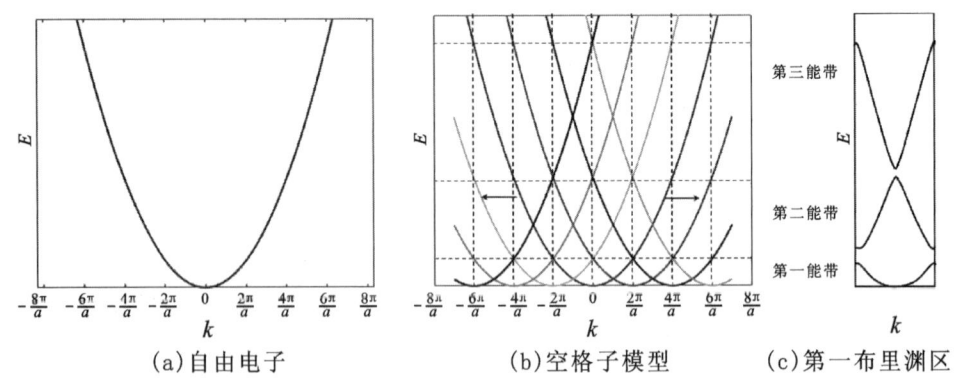

图 3-2　近自由电子近似模型下能带和能隙的形成示意图

3.2　载流子的准经典运动

3.2.1　布洛赫电子的有效质量和运动速度

在求解电子在晶体周期场中运动的本征态和本征能量之后，就可以以这些结论为基础研究晶体中电子运动的具体问题。由于周期场的作用，晶体中电子的本征能量和本征函数都不同于自由电子，因而在外加电场中的行为也完全不同于自由电子。电子由于受到原子实和其他电子之间的相互作用力，晶体中的电子受到外部电场、磁场作用时的受力与自由电子的受力存在差异。晶格中电子的加速度可表示为

$$\frac{dv}{dt} = \frac{1}{m_e}(F + F_l) \tag{3-13}$$

其中，F 为外力，F_l 为晶体内部作用对电子的作用力。通常晶体内部的作用力 F_l 未知，可引入有效质量 m^* 代替电子的惯性质量 m_e，将外加电场对电子的作用力和加速

度的关系写为

$$\frac{\mathrm{d}v}{\mathrm{d}t} = \frac{1}{m^*}F \tag{3-14}$$

且

$$m^* = m_\mathrm{e}\frac{F}{F+F_l} \tag{3-15}$$

采用有效质量后,就可以用经典的牛顿定律来描述晶体电子在外加电场中的行为。有效质量 m^* 可以比 m_e 大,也可以比 m_e 小,取决于晶体内部作用力的大小和方向。

自由电子的速度与波矢的方向相同,而晶体中电子的运动速度和能量梯度成正比,方向与等能面法向方向相同,即

$$v_\mathrm{n} = \frac{1}{\hbar}\nabla_k E_\mathrm{n}(k) \tag{3-16}$$

对于一维电子体系,将速度表达式带入有效质量可得

$$m^* = \frac{\hbar^2}{\dfrac{\mathrm{d}^2 E}{\mathrm{d}k^2}} \tag{3-17}$$

即有效质量反比于能带的曲率。能带曲率越大,有效质量越小;反之,有效质量越大。由于周期场中电子的能量 $E(k)$ 与 k 的函数关系不是抛物线关系,因此,电子的有效质量不是常数,即 m^* 与波矢 k 有关。通常来讲在导带底部,$E(k)$ 取最小值,$\mathrm{d}^2 E/\mathrm{d}k^2 > 0$,这时 $m^* > 0$;在价带顶时,$E(k)$ 取最小值,$\mathrm{d}^2 E/\mathrm{d}k^2 < 0$,这时 $m^* < 0$。对于三维材料也有类似的表达形式,此时有效质量为二阶张量。

3.2.2 能带填充与材料导电特性

由于 $E(k)$ 是关于 k 的偶函数,因此

$$E_\mathrm{n}(k_x) = E_\mathrm{n}(-k_x) \tag{3-18}$$

对于一维的情况,速度可表示为

$$v_\mathrm{n}(k_x) = \frac{1}{\hbar}\nabla_k E_\mathrm{n}(k_x) = \frac{1}{\hbar}\frac{\mathrm{d}E_\mathrm{n}(k_x)}{\mathrm{d}k_x} \tag{3-19}$$

因此处在 k_x 和 $-k_x$ 状态电子的速度分别可以表示为

$$v_\mathrm{n}(k_x) = \frac{1}{\hbar}\frac{\mathrm{d}E_\mathrm{n}(k_x)}{\mathrm{d}k_x} \tag{3-20}$$

$$v_n(-k_x) = \frac{1}{\hbar}\frac{dE_n(-k_x)}{d(-k_x)} = -v_n(k_x) \quad (3-21)$$

该结果表明处在 k_x 和 $-k_x$ 状态的电子速度大小相等、方向相反。能带中每个电子对电流的贡献为 $-ev(k)$，因此所有电子的贡献为

$$\boldsymbol{j} = \frac{1}{V}(-e)\int_{occ} v(\boldsymbol{k})\,d\boldsymbol{k} \quad (3-22)$$

积分包括能带中所有被占据态。我们可采用这些知识分别分析能带的填充与导电性之间的关系。

1. 满带

满带即所有的能态都被电子填充的情况。当没有外加电场时，在一定温度下，电子占据 k 态和 $-k$ 态的概率只与该状态的能量有关。由于 $E_n(k_x) = E_n(-k_x)$，所以电子占据 k 态和 $-k$ 态的概率相同。考虑到这两个电子的速度大小相等、方向相反，这两个电子对电流的贡献相互抵消。由于能带相对于 k 是对称的，所以，电流密度对整个能带积分后也没有宏观电流，即 $J = 0$，如图 3-3(a) 所示。

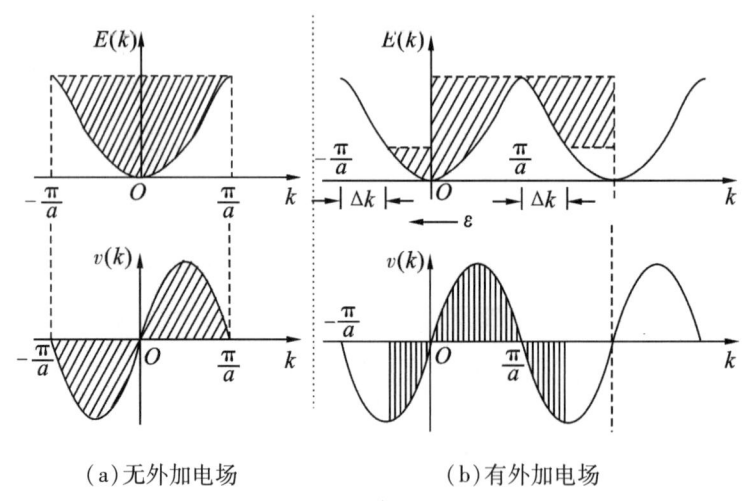

(a) 无外加电场　　(b) 有外加电场

图 3-3　能带填充满的材料导电情况分析示意图

当存在外加电场时，所有电子将从 k 态变化到 $k + \Delta k$ 态，即 $E-k$ 关系整体发生平移。考虑到能带的平移对称性，这种迁移并不改变电子在满带中的对称分布，所以不产生宏观电流，$J = 0$，如图 3-3(b) 所示。

因此，电子填充满能带中所有能态的材料不导电，即满带不导电。

2. 半满带

半满带即能带中有一半的能态被电子填充的情况。无外加电场时，由于电子在能带中的对称填充，如图 3-4(a) 所示，半满带也不存在宏观电流。

当有外加电场时,由于导带中还有部分没有被电子填充的空态,因而导带中的电子在外加电场的作用下会产生能级跃迁,从而使导带中的对称分布被破坏,如图 3-4(b) 所示,因此产生宏观电流,$J \neq 0$,即半满带导电。

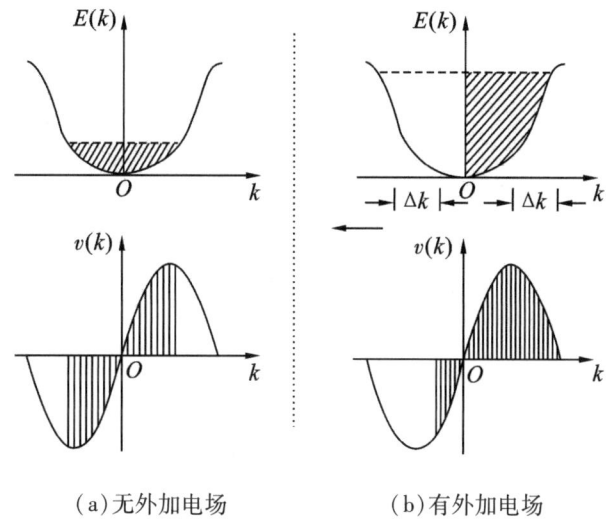

(a) 无外加电场　　　　　(b) 有外加电场

图 3-4　能带半满填充材料的导电情况分析示意图

3. 近满带和空穴导电

在有外加电场时,由于近满带中仍有少量没有被电子占据的空态,所以在外加电场的作用下,电子也会发生能级跃迁,导致电子的不对称分布,$J \neq 0$。设 $I(k)$ 为这种情况下整个近满带的总电流。设想在空的 k 态中填入一个电子,这个电子对电流的贡献为 $-ev(k)$,但由于填入这个电子后,能带变为满带,因此总电流为 0,即

$$I(k) + [-ev(k)] = 0 \tag{3-23}$$

$$I(k) = ev(k) \tag{3-24}$$

式(3-24)表明,近满带的总电流就如同一个带正电荷 e 的"电子"以空状态 k 的速度运动时产生的电流一样。

在有电磁场存在时,设想在 k 态中仍填入一个电子形成满带。而满带电流始终为 0,对任意 t 时刻都成立。因此

$$\frac{\mathrm{d}}{\mathrm{d}t}I(k) = e\frac{\mathrm{d}}{\mathrm{d}t}v(k) \tag{3-25}$$

作用在 k 态电子上的外力为

$$\boldsymbol{F} = -e[\boldsymbol{E} + \boldsymbol{v}(k) \times \boldsymbol{B}] \tag{3-26}$$

对于布洛赫电子的准经典运动

$$\frac{d\boldsymbol{v}}{dt} = \frac{\boldsymbol{F}}{m^*} \tag{3-27}$$

因此

$$\frac{d}{dt}I(k) = e\frac{d}{dt}v(k) = -\frac{e}{m^*}[\boldsymbol{E} + \boldsymbol{v}(k) \times \boldsymbol{B}] \tag{3-28}$$

在能带顶附近,电子的有效质量为负值,即 $m^* < 0$,因此式(3-28)可改为

$$\frac{d}{dt}I(k) = e\frac{d}{dt}v(k) = \frac{e}{|m^*|}[\boldsymbol{E} + \boldsymbol{v}(k) \times \boldsymbol{B}] \tag{3-29}$$

所以,在有外加电场存在时,近满带的电流变化就如同一个带正电荷 e、具有正有效质量 $|m^*|$ 的粒子作用一样。因此,引入空穴的概念,即当满带顶附近有空状态 k 时,整个能带中的电流以及电流在外加电场作用下的变化,完全如同一个带正电荷 e、具有正有效质量 $|m^*|$ 和速度 $v(k)$ 的粒子的情况一样,将这种假想的粒子称为空穴。

空穴是一个带有正电荷、具有正有效质量的准粒子。它是在整个能带的基础上提出来的,代表的是近满带中所有电子的集体行为。因此,空穴不能脱离晶体而单独存在,它只是一种准粒子。由于电子和空穴的运动都可以用于描述材料的导电特性,通常把电子和空穴都称为载流子。

4. 导体、绝缘体和半导体的分类

根据能带填充情况,可以判断材料的导电特性,图 3-5 就是从能带填充和电子运动特征的角度对金属、半导体和绝缘体的本质原因进行了分析。结合能带填充情况与导电特性的关联,从图 3-5 可以看出,金属能带的电子填充是半满的,因此金属具有优异的导电特性;半导体和绝缘体的导带接近于空的状态。半导体和绝缘体的差异在于,半导体的带隙较窄,在光、热的激励下,有少量的电子从价带顶被激发到导带底;绝缘体的带隙较大,材料内部的载流子浓度很低。

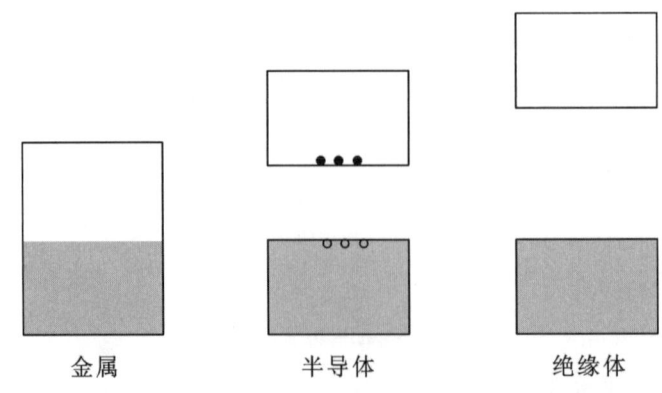

图 3-5 金属、半导体、绝缘体的能带结构示意图

在金属中,其导带部分有足够多的载流子,温度升高,载流子的数目基本上不增加。但温度升高,原子的热振动加剧,电子受声子散射的概率增大,电子的平均自由程减小。因此,金属的电导率随温度的升高而下降。

对于半导体材料,由于能隙较窄,因而在一定温度下,有少量电子从价带顶跃迁到导带底,从而在价带中产生少量空穴,而在导带底出现少量电子。因此,在一定温度下,半导体具有一定的导电性,称为本征导电性。电子的跃迁概率与 $\exp(-E_g/k_BT)$ 成正比,一般情况下,由于 $E_g \gg k_BT$,所以电子的跃迁概率很小,半导体的本征电导率较低。随着温度 T 升高,电子跃迁概率指数上升,半导体的本征电导率也随之迅速增大,这也有别于金属材料随温度升高电导率下降的特点。

3.3 平衡载流子的统计分布

3.3.1 载流子浓度计算

载流子的浓度对半导体材料的导电性具有决定性的作用,而每一种半导体材料由于其能带结构、掺杂浓度的不同会对载流子的浓度产生重要的影响。材料导带和价带中能态密度的大小、体系费米能级的位置会对半导体内部载流子的浓度产生重要的影响。从理论上来讲,可以通过计算材料的能态密度,结合载流子的统计分布函数从而获得半导体内部载流子的浓度信息,如图 3-6 所示。

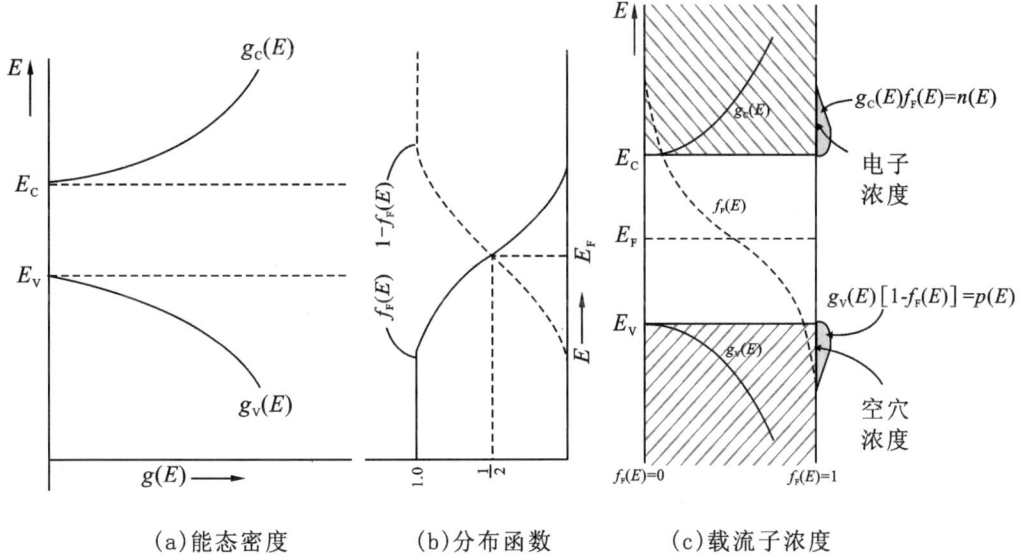

(a)能态密度　　(b)分布函数　　(c)载流子浓度

图 3-6　材料能态密度、载流子统计分布和载流子浓度计算示意图

1. 能态密度

材料能态密度的大小取决于材料的键合结构、能带结构、维度等特性，其定义为 E 到 $E+\mathrm{d}E$ 能量范围内的能量状态数的值 $\mathrm{d}N$ 与能量 $\mathrm{d}E$ 的比值，即

$$g(E) = \frac{\mathrm{d}N}{\mathrm{d}E} \tag{3-30}$$

对于一般的半导体材料而言，假定在能带极值附近（例如在导带底附近）等能面为球面，且具有抛物线型的 $E-k$ 关系，则半导体材料导带底和价带顶的能态密度为

$$g_\mathrm{C}(E) = \frac{V}{2\pi^2} \frac{(2m^*)^{3/2}}{\hbar^3} (E-E_\mathrm{C})^{1/2} \tag{3-31}$$

$$g_\mathrm{V}(E) = \frac{V}{2\pi^2} \frac{(2m^*)^{3/2}}{\hbar^3} (E_\mathrm{V}-E)^{1/2} \tag{3-32}$$

可见，能态密度随能量的变化成 $1/2$ 次方的关系，且与有效质量相关。

2. 分布函数

对于固体材料所研究的电子体系，其随能量的占据概率符合费米子的统计分布函数，即费米-狄拉克分布函数为

$$f_\mathrm{F}(E) = \frac{1}{1+\exp\dfrac{E-E_\mathrm{F}}{k_\mathrm{B}T}} \tag{3-33}$$

其中 E_F 为体系的费米能级，即为系统的化学势。处于热平衡的电子系统有统一的 E_F。费米-狄拉克分布函数 $f_\mathrm{F}(E)$ 是温度的函数，在 E_F 上下几个 $k_\mathrm{B}T$ 的范围内有很大的变化。

已知半导体材料体系的能态密度和费米分布函数时，可通过两者的乘积计算出某一能级 E 上的载流子数目，即

$$\mathrm{d}n(E) = \mathrm{d}N(E)f_\mathrm{F}(E) = g(E)f_\mathrm{F}(E)\mathrm{d}E \tag{3-34}$$

如果计算导带中的电子数目，则可以通过积分的方式求得导带以上所有能级上载流子数目的总和，即

$$n_0 = \int_{E_\mathrm{C}}^{\infty} g(E)f_\mathrm{F}(E)\mathrm{d}E \tag{3-35}$$

同理，价带中的空穴浓度可以通过计算价带中未被电子占据能态的数目来计算，即

$$p_0 = \int_{-\infty}^{E_\mathrm{V}} g(E)[1-f_\mathrm{F}(E)]\mathrm{d}E \tag{3-36}$$

对于非简并半导体,将式(3-35)和式(3-36)积分可得

$$n_0 = \frac{2(2\pi m_n^* k_B T)^{3/2}}{h^3} \exp\left[\frac{-(E_C - E_F)}{k_B T}\right] \tag{3-37}$$

$$N_C = \frac{2(2\pi m_n^* k_B T)^{3/2}}{h^3} \tag{3-38}$$

$$p_0 = \frac{2(2\pi m_p^* k_B T)^{3/2}}{h^3} \exp\left[\frac{-(E_F - E_V)}{k_B T}\right] \tag{3-39}$$

$$N_V = \frac{2(2\pi m_p^* k_B T)^{3/2}}{h^3} \tag{3-40}$$

其中,m_n^* 和 m_p^* 分别为导带底电子和价带顶空穴的有效质量,N_C 和 N_V 为导带和价带的有效状态密度。并且在一定的温度下,$n_0 p_0$ 的乘积是一定的,与材料的带隙有关,即

$$n_0 p_0 = N_C N_V \exp\left(-\frac{E_g}{k_B T}\right) = n_i^2 \tag{3-41}$$

其中 n_i 被定义为本征载流子浓度。

3.3.2 本征半导体

所谓本征半导体就是没有杂质和缺陷的半导体。在绝对零度时,价带中的全部能态都被电子占据,而导带中的量子态都是空的。当半导体的温度 $T > 0$ K 时,就会有电子从价带被激发到导带,同时价带中产生空穴,这就是本征激发。由于电子和空穴成对产生,导带中的电子浓度 n 应等于价带中的空穴浓度 p,即

$$n_0 = p_0 \tag{3-42}$$

将式(3-37)和式(3-39)带入式(3-42)可得

$$\frac{2(2\pi m_n^* k_B T)^{3/2}}{h^3} \exp\left[\frac{-(E_C - E_F)}{k_B T}\right] = \frac{2(2\pi m_p^* k_B T)^{3/2}}{h^3} \exp\left[\frac{-(E_F - E_V)}{k_B T}\right]$$

$$\tag{3-43}$$

化简可得本征半导体的费米能级 E_{Fi} 为

$$E_{Fi} = \frac{1}{2}(E_C + E_V) + \frac{3}{4} k_B T \ln\left(\frac{m_p^*}{m_n^*}\right) \tag{3-44}$$

由式(3-44)可知,如果 $m_n^* = m_p^*$,则费米能级位于能带中间;如果 $m_n^* > m_p^*$,则费米能级稍高于能带中央;如果 $m_n^* < m_p^*$,则费米能级稍低于能带中央。总体来讲,

对于本征半导体材料可以近似认为其费米能级位于能带中间。

将式(3-44)带入式(3-37)和式(3-39)可得本征半导体材料载流子的浓度为

$$n_i = n_0 = p_0 = \sqrt{N_C N_V} \exp\left(-\frac{E_g}{2k_B T}\right) \tag{3-45}$$

3.3.3 非本征半导体

对于半导体材料,一般通过掺杂杂质原子的方法来调控半导体内部的载流子浓度,即通过掺杂来调控半导体的费米能级,以实现特殊的用途。如图3-7所示,分别在 Si 材料中掺入第三主族元素 B 和第五主族元素 P 可以实现 p 型掺杂及 n 型掺杂,从而调控半导体材料的导电特性,实现功能化器件的设计和构造。

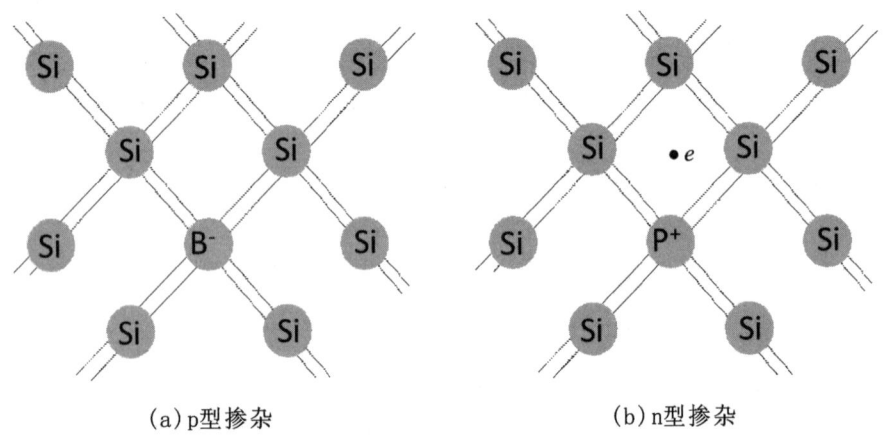

(a) p型掺杂　　　　　　　　(b) n型掺杂

图3-7　Si 材料的 p 型掺杂和 n 型掺杂示意图

通常来讲,掺杂半导体材料的载流子浓度与材料自身的本征属性无关,主要取决于掺杂离子的浓度及其电离情况。对于 n 型半导体而言,一般来讲其电子浓度远远大于空穴浓度;而对于 p 型半导体来讲,其空穴浓度远远大于电子浓度。近似情况下,可以认为 n 型半导体中电子的浓度与施主浓度 N_D 相等,p 型半导体中空穴浓度与受主浓度 N_A 相等,即

$$n_0 = N_D \tag{3-46}$$

$$p_0 = N_A \tag{3-47}$$

对于 n 型半导体中空穴浓度和 p 型半导体中电子浓度的计算,仍可利用 $n_i^2 = n_0 p_0$ 来进行。

3.4 半导体中的载流子输运

3.4.1 载流子的漂移运动

在外加电场作用下,半导体材料的导电特性除了和载流子的浓度有关外,还取决于载流子的迁移率 μ。其定义为,在外加电场作用下载流子的运动速度和电场强度的比值,即 v/E。根据量纲分析可知,迁移率 μ 的单位为 $\text{cm}^2 \cdot \text{V}^{-1} \cdot \text{s}^{-1}$。在外加电场的作用下,半导体内部的电流密度为

$$J = nev = ne\mu E \quad (3-48)$$

载流子在外加电场的作用下做加速运动,其最终的运动速度和电场的强度、载流子的散射等因素直接相关。采用经典碰撞理论分析可知,载流子的运动速度可表述为

$$v = \frac{eE}{m^*}\tau^* \quad (3-49)$$

其中 τ^* 为载流子在两次碰撞之间的平均自由时间,取决于材料内部的载流子散射机制,包括声子散射、杂质散射、载流子散射等过程。进一步联立式(3-48)和式(3-49)可知

$$\mu = \frac{v}{E} = \frac{e}{m^*}\tau^* \quad (3-50)$$

由式(3-50)可知,载流子的迁移率与材料内部载流子的有效质量成反比,和平均自由时间成正比,一般有效质量较低、结晶质量好(杂质散射少)的材料具有较高的载流子迁移率。通常可采用霍尔效应测试获得半导体材料的载流子浓度和迁移率,该方法是表征半导体特性最常用和最有效的方法,可直接获得影响半导体材料输运特性的参数。

3.4.2 载流子的扩散运动

半导体材料内部载流子浓度的差异也将引起载流子的运动,此时载流子的运动称为扩散运动。由菲克第一定律可知,扩散流的大小与扩散系数和浓度梯度相关。同时,空穴或电子为带电粒子,其在扩散过程中将形成扩散电流。因此,由于扩散引起的电流密度可表述为

$$J_n = eD_n \frac{dn}{dx} \tag{3-51}$$

$$J_p = -eD_p \frac{dp}{dx} \tag{3-52}$$

其中 D 为载流子的扩散系数，单位为 $cm^{-2} \cdot s^{-1}$，标志着载流子在材料内部扩散能力的强弱。通常，载流子扩散系数与载流子迁移率满足爱因斯坦关系，即

$$D = \frac{k_B T}{e} \mu \tag{3-53}$$

可见，载流子在半导体材料内部的扩散能力和载流子迁移率有同样的决定因素，即载流子的有效质量和平均自由时间。

3.5 非平衡载流子

3.5.1 非平衡载流子的注入与复合

处于热平衡状态的半导体，在一定温度下载流子的浓度是一定的。这种处于热平衡状态下的载流子浓度，称为平衡载流子浓度。用 n_0 和 p_0 分别表示平衡状态下的电子浓度和空穴浓度，在非简并情况下，它们的乘积满足下式：

$$n_0 p_0 = N_C N_V \exp\left(-\frac{E_g}{k_B T}\right) = n_i^2 \tag{3-54}$$

可见，本征载流子浓度 n_i 只是温度的函数。在非简并情况下，无论掺杂多少，平衡载流子浓度 n_0 和 p_0 必定满足式（3-54），因而该式也是非简并半导体处于热平衡状态的判据。热平衡状态下，伴随着电子和空穴成对地产生与复合，于是有

$$G_{n0} = G_{p0} \tag{3-55}$$

$$R_{p0} = R_{n0} \tag{3-56}$$

平衡状态下，载流子的数目保持不变，因此载流子的产生和复合过程概率相等，即

$$G_{n0} = G_{p0} = R_{p0} = R_{n0} \tag{3-57}$$

如果对半导体施加外界作用，破坏热平衡的条件，这就迫使它处于与热平衡状态相偏离的状态，称为非平衡状态。如图3-8所示，光照使半导体内部产生了比平衡状态时多的电子 δn 和空穴 δp，此时半导体处于非平衡状态，其载流子浓度为 $n_0 + \delta n$ 和 $p_0 + \delta p$，比平衡状态多出来的这部分载流子称为非平衡载流子，也称过剩载流子。

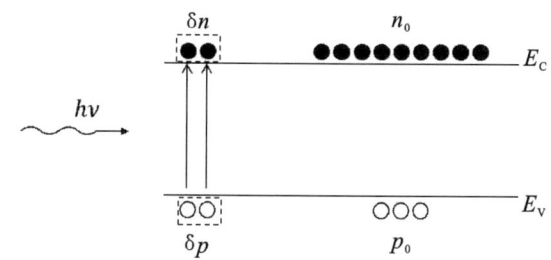

图 3-8 过剩载流子产生示意图

此时过剩电子和过剩空穴的浓度相等,即

$$\delta n = \delta p \qquad (3-58)$$

通常过剩载流子的产生过程也叫作非平衡载流子的注入过程。

一般情况下,注入非平衡载流子浓度比平衡时的多数载流子浓度小得多。对于 n 型材料,$\delta n \ll n_0$、$p_0 \ll \delta p$,满足这个条件的注入称为小注入。例如,电阻率为 $1\ \Omega \cdot cm$ 的 n 型硅中,$n_0 \approx 5.5 \times 10^{15}\ cm^{-3}$,$p_0 \approx 3.1 \times 10^{4}\ cm^{-3}$,若注入非平衡载流子 $\delta n = \delta p = 10^{10}\ cm^{-3}$,$\delta n \ll n_0$,是小注入;但是 δp 几乎是 p_0 的 10^6 倍,即 $\delta p \gg p_0$。这个例子说明,即使在小注入的情况下,非平衡少数载流子浓度还是可以比平衡少数载流子浓度大得多,它的影响就显得十分重要了,而相对来说非平衡多数载流子的影响可以忽略。所以对于掺杂半导体,实际上往往是非平衡少数载流子起着重要作用,通常讨论的非平衡载流子的性质大都是对于非平衡少数载流子而言的。

注入的非平衡载流子并不能一直存在,光照停止后,它们会逐渐消失,也就是原来被激发到导带的电子又回到价带,电子和空穴又成对地复合消失了,如图 3-9 所示。最后,载流子浓度恢复到平衡时,半导体又恢复到了平衡状态。由此得出结论,产生非平衡载流子的外部作用去掉后,半导体的内部作用,使自身由非平衡状态恢复到平衡状态,过剩载流子逐渐消失,这一过程称为非平衡载流子的复合。

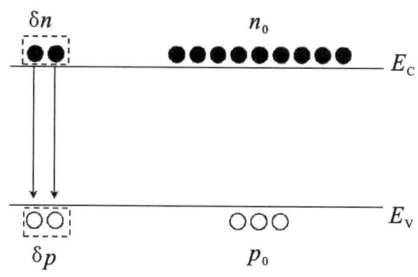

图 3-9 过剩载流子复合示意图

载流子的复合速率为

$$R'_n = R'_p \tag{3-59}$$

且该复合速率大于平衡状态时的复合速率,即

$$R'_n = R'_p > R_{p0} = R_{n0} \tag{3-60}$$

这是由于电子和空穴的数目比热平衡时增多了,使得它们在热运动中相遇而复合的机会也会增大。这时的复合速率超过了产生速率而造成一定的净复合,非平衡载流子逐渐消失,最后恢复到平衡值,半导体将回到热平衡状态。因此,激发停止后,载流子浓度随时间的变化规律可以描述为

$$\frac{\mathrm{d}n(t)}{\mathrm{d}t} = G_{n0} - R'_n = R_{n0} - R'_n \tag{3-61}$$

其中,G_{n0} 为平衡状态下载流子的产生速率,R'_n 为非平衡状态下载流子的复合速率,且 $R'_n > G_{n0}$。由于载流子的复合速率正比于体系当中电子和空穴的浓度,且复合是一种自发行为,复合概率相对于时间是一个常数,因此平衡状态下的复合速率 $G_{n0} = R_{n0} = a_r n_0 p_0$,非平衡状态下的复合速率为 $R'_n = a_r(n_0 + \delta n)(p_0 + \delta p)$,于是式(3-61)又可以写为

$$\begin{aligned}\frac{\mathrm{d}n(t)}{\mathrm{d}t} &= a_r n_0 p_0 - a_r(n_0 + \delta n)(p_0 + \delta p) \\ &= -a_r n_0 \delta p - a_r p_0 \delta n - a_r \delta n \delta p\end{aligned} \tag{3-62}$$

小注入条件下,过剩载流子的数目 δn 和 δp 远小于多数载流子数目,因此上式中 $\delta n \delta p$ 项可以忽略,式(3-62)可化简为

$$\frac{\mathrm{d}n(t)}{\mathrm{d}t} = -a_r n_0 \delta p - a_r p_0 \delta n \tag{3-63}$$

对于 n 型半导体而言,$n_0 \gg p_0$,式(3-63)可进一步近似为

$$\frac{\mathrm{d}p(t)}{\mathrm{d}t} = -a_r n_0 \delta p \tag{3-64}$$

其中 $p(t)$ 为某一时刻载流子的浓度,它由平衡载流子浓度 p_0 和非平衡载流子 $\delta p(t)$ 两部分组成,即

$$p(t) = p_0 + \delta p(t) \tag{3-65}$$

由于平衡载流子浓度 p_0 与时间无关,因此

$$\frac{\mathrm{d}p(t)}{\mathrm{d}t} = \frac{\mathrm{d}[p_0 + \delta p(t)]}{\mathrm{d}t} = \frac{\mathrm{d}p_0}{\mathrm{d}t} + \frac{\mathrm{d}\delta p(t)}{\mathrm{d}t} = \frac{\mathrm{d}\delta p(t)}{\mathrm{d}t} \tag{3-66}$$

于是，式(3-64)可进一步化简为

$$\frac{\mathrm{d}\delta p(t)}{\mathrm{d}t} = -a_r n_0 \delta p \quad (3-67)$$

进一步计算可得

$$\delta p(t) = \delta p(0)\exp(-a_r n_0 t) = \delta p(0)\exp\left(-\frac{t}{\tau_{p0}}\right) \quad (3-68)$$

$$\tau_{p0} = \frac{1}{a_r n_0} \quad (3-69)$$

其中 τ_{p0} 为过剩少数载流子的寿命，其意义为当过剩载流子的浓度降低到初始浓度的 $1/\mathrm{e}$ 时所需要的时间。此时，过剩载流子的复合速率为

$$R'_{\delta n} = R'_{\delta p} = R'_n - R_{n0}$$
$$= a_r(n_0 + \delta n)(p_0 + \delta p) - a_r n_0 p_0 \approx a_r n_0 \delta p = \frac{\delta p}{\tau_{p0}} \quad (3-70)$$

对于 p 型半导体而言，$p_0 \gg n_0$，式(3-63)可进一步近似为

$$\frac{\mathrm{d}n(t)}{\mathrm{d}t} = -a_r p_0 \delta n \quad (3-71)$$

于是有

$$\delta n(t) = \delta n(0)\exp(-a_r p_0 t) = \delta p(0)\exp\left(-\frac{t}{\tau_{n0}}\right) \quad (3-72)$$

$$\tau_{n0} = \frac{1}{a_r p_0} \quad (3-73)$$

其中 τ_{n0} 为过剩少数载流子的寿命，其意义为当过剩载流子的浓度降低到初始浓度的 $1/\mathrm{e}$ 时所需要的时间。此时，过剩载流子的复合速率为

$$R'_{\delta n} = R'_{\delta p} = R'_n - R_{n0}$$
$$= a_r(n_0 + \delta n)(p_0 + \delta p) - a_r n_0 p_0 \approx a_r p_0 \delta n = \frac{\delta n}{\tau_{n0}} \quad (3-74)$$

3.5.2 准费米能级

半导体中的电子系统处于热平衡状态时，整个半导体中有统一的费米能级，电子和空穴的浓度都用它来描写。在非简并情况下，有

$$n_0 = N_C \exp\left[\frac{-(E_C - E_F)}{k_B T}\right]$$

$$p_0 = N_V \exp\left[\frac{-(E_F - E_V)}{k_B T}\right]$$

正因为有统一的费米能级 E_F,热平衡状态下,半导体中电子和空穴浓度的乘积必定满足式(3-54),因而,统一的费米能级是热平衡状态的标志。

因为费米能级和统计分布函数都是指的热平衡状态,当半导体处于非平衡状态时,就不再存在统一的费米能级。当半导体中存在非平衡载流子时,就价带中的空穴和导带中的电子而言,它们各自基本上处于平衡状态,而导带和价带之间处于不平衡状态。因而费米能级和统计分布函数对导带和价带仍然是适用的,因此,可以分别引入导带费米能级和价带费米能级,称为"准费米能级"。导带和价带间的不平衡就表现在它们的准费米能级是不重合的。导带的准费米能级也称电子准费米能级,相应地,价带的准费米能级称为空穴准费米能级,分别用 E_{Fn} 和 E_{Fp} 表示。引入准费米能级后,非平衡状态下的载流子浓度也可以用与平衡载流子浓度类似的公式来表达,即

$$n = N_C \exp\left[\frac{-(E_C - E_{Fn})}{k_B T}\right] \tag{3-75}$$

$$p = N_V \exp\left[\frac{-(E_{Fp} - E_V)}{k_B T}\right] \tag{3-76}$$

对比式(3-37)和式(3-39),以上两个式子可表述为

$$n = n_0 \exp\left(\frac{E_{Fn} - E_F}{k_B T}\right) \tag{3-77}$$

$$p = p_0 \exp\left(\frac{E_F - E_{Fp}}{k_B T}\right) \tag{3-78}$$

由式(3-77)和式(3-78)可以明显地看出,无论是电子还是空穴,非平衡载流子越多,准费米能级偏离 E_F 就越远,但是 E_{Fn} 及 E_{Fp} 偏离 E_F 的程度是不同的。对于 n 型半导体,在小注入条件下,即 $\delta n \ll n_0$ 时,显然 $n \approx n_0$,因而 E_{Fn} 比 E_F 更靠近导带,但偏离 E_F 甚小。这时注入的空穴浓度 $\delta p \gg p_0$,即 $p \gg p_0$,所以 E_{Fp} 比 E_F 更靠近价带,且比 E_{Fn} 更显著地偏离了 E_F。一般在非平衡状态时,往往总是多数载流子的准费米能级和平衡时的费米能级偏离不多,而少数载流子的准费米能级偏离很大。若将此时的电子浓度 n 和空穴浓度 p 相乘,可得

$$np = n_0 p_0 \exp\left(\frac{E_{Fn} - E_F}{k_B T}\right) \exp\left(\frac{E_F - E_{Fp}}{k_B T}\right) = n_i^2 \exp\left(\frac{E_{Fn} - E_{Fp}}{k_B T}\right) \tag{3-79}$$

从式(3-79)可以看出,E_{Fn} 和 E_{Fp} 能量差的大小直接反映了 np 与 n_i^2 相差的程度,即反映了半导体偏离热平衡状态的程度。它们的差值越大,说明不平衡情况越显著;两者差值越小,则说明越接近平衡状态。两者相等时,体系有统一的费米能级,半导体处于平衡状态。因此,引进准费米能级可以更形象地说明半导体处于非平衡

状态的情况。

3.6 连续性方程

通常,半导体材料受到光照、热、电场等的激发后,内部会产生非平衡的过剩载流子。在过剩载流子的复合、载流子浓度梯度、外加电场的共同作用下,半导体材料内部载流子的浓度、输运将会变成一个非常复杂的问题,需要综合考虑以上过程对载流子运动的贡献,采用数值的方法求解载流子的输运问题。

为了揭示半导体材料内部载流子的输运特性,需要考虑载流子的产生、复合等过程对载流子浓度的影响。以图 3-10 中球形区域半导体材料内部的性质变化为例,假设:

(1) 小体积元内载流子数量随时间的变化速率为 $\partial n/\partial t$;

(2) 小体积元内载流子的产生速率为 G;

(3) 小体积元内载流子的复合速率为 R;

(4) 载流子流动的贡献为 $\oiint -\boldsymbol{J} \cdot \mathrm{d}\boldsymbol{s}/e$。

其中 $\boldsymbol{J}$ 为局部电流密度。

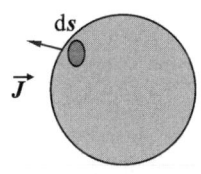

图 3-10 半导体连续性方程示意图

根据电荷守恒定律可知,在该体积元内,载流子浓度的变化速率与载流子的流入-流出速率、产生速率及复合速率直接相关,以电子浓度为例,可表述为

$$\iiint \frac{\partial n}{\partial t} \mathrm{d}V = \iiint G \mathrm{d}V - \iiint R \mathrm{d}V + \frac{\oiint -\boldsymbol{J} \cdot \mathrm{d}\boldsymbol{s}}{-e} \quad (3-80)$$

利用高斯定理,可对式(3-80)进行化简,结果为

$$\iiint \frac{\partial n}{\partial t} \mathrm{d}V = \iiint G \mathrm{d}V - \iiint R \mathrm{d}V + \frac{1}{e} \iiint \nabla \cdot \boldsymbol{J} \mathrm{d}V \quad (3-81)$$

去掉对体积 V 的积分,式(3-81)可进一步化简为

$$\frac{\partial n}{\partial t} = G - R + \frac{1}{e} \nabla \cdot \boldsymbol{J} \quad (3-82)$$

同理,空穴的连续性方程可表述为

$$\frac{\partial p}{\partial t} = G - R + \frac{-1}{e} \nabla \cdot \boldsymbol{J} \qquad (3-83)$$

载流子的电流密度 $\boldsymbol{J}$ 由扩散电流和漂移电流两部分组成。对于一维载流子输运方程,电子和空穴的电流密度可表述为

$$J_n = eD_n \frac{\partial n}{\partial x} + ne\mu_n E \qquad (3-84)$$

$$J_p = -eD_p \frac{\partial p}{\partial x} + pe\mu_n E \qquad (3-85)$$

且电子浓度和空穴浓度等于平衡载流子的浓度与非平衡载流子浓度之和,即 $n(t) = n_0 + \delta n(t)$、$p(t) = p_0 + \delta p(t)$。因此,对载流子的浓度求导只与非平衡载流子浓度有关。于是,式(3-82)和式(3-83)可具体化为

$$\frac{\partial(\delta n)}{\partial t} = D_n \frac{\partial^2(\delta n)}{\partial x^2} + \mu_n \left[E \frac{\partial(\delta n)}{\partial x} + n \frac{\partial E}{\partial x} \right] + G_n - R \qquad (3-86)$$

$$\frac{\partial(\delta p)}{\partial t} = D_p \frac{\partial^2(\delta p)}{\partial x^2} - \mu_p \left[E \frac{\partial(\delta p)}{\partial x} + p \frac{\partial E}{\partial x} \right] + G_p - R \qquad (3-87)$$

以上两式称为载流子连续性方程,可认为是能量守恒在半导体材料中的具体应用,即载流子守恒。因此,在表征和设计半导体材料及器件时,需要深入研究材料的基本物理参数,如载流子迁移率 μ、载流子寿命 τ、载流子复合速率 R,以及外界条件,如载流子产生速率 G、材料内部电场 E 等特性,进而结合数值计算的方法,揭示半导体光电器件在工作状态下的载流子特性,包括复合损失、收集效率等,为设计高性能光电器件打下坚实的基础。随后几章内容,重点介绍这些特性参数的测试方法和测试原理。

参考资料

[1] 刘恩科,朱秉升,罗晋生.半导体物理学[M].7版.北京:电子工业出版社,2017.

[2] 谢希德,方俊鑫.固体物理学:上册[M].上海:上海科学技术出版社,1961.

[3] 黄昆,谢希德.半导体物理学[M].北京:科学出版社,1958.

第 4 章　半导体材料的接触及能带结构测量

将半导体材料设计、组装成功能半导体器件时会涉及半导体材料和半导体材料、半导体材料和金属材料的接触。接触界面的性质,如能带结构、内建电场、缺陷浓度等,将对半导体功能器件的性能起到决定性的作用,影响半导体器件的光电性能。因此,在设计和组装半导体功能器件时需要考虑各功能层的能带结构及其之间的接触特性,根据功能要求选择最佳的材料组合。

在材料接触过程中,对接触界面处能带变化起到决定作用的是材料的费米能级 E_F,即该材料的电子化学势 μ。两种材料接触达到平衡状态时,体系应当具有统一的化学势(费米能级),这是主导材料接触时两种材料之间电荷转移的主要因素,即电子从费米能级高的材料转移到费米能级低的材料。在电子转移的过程中,原本电中性的材料由于失去、获得电子而显示出带正电、负电的特性,从而在接触界面形成电场,造成接触界面的能带弯曲。该电场也称内建电场,是影响半导体光电器件的载流子输运特性,即电压、电流($I-V$)特性以及光电转换、电光转换性能的关键因素,也是设计和分析半导体器件性能的基础。本章以材料费米能级的相对位置及材料间的电荷转移造成的界面接触特性差异为主线,分析半导体器件的接触及其相关的物理性质。

4.1　材料的功函数

在分析半导体器件的界面接触特性时,需要知道半导体材料和金属材料的能带结构信息,即半导体材料导带底、价带顶、费米能级的位置(掺杂浓度相关)和金属材料费米能级的位置。根据费米-狄拉克统计分布可知,在热力学零度($T=0$ K)时,金属中电子的最高填充能级为费米能级 E_F,即电子填满了费米能级 E_F 以下的所有能级,而高于 E_F 的能级是未被电子占据的空态。随着温度的升高,到一定温度 T 时,只有费米能级 E_F 附近几个 $k_B T$ 范围内的少数电子受到热激发跃迁到 E_F 能级之上,此时金属材料的费米能级将会发生移动,且和温度 T 有关,其变化规律为

$$E_F = E_F^0 \left[1 - \frac{\pi^2}{12}\left(\frac{k_B T}{E_F}\right)^2\right] \quad (4-1)$$

由于 $k_B T \ll E_F$,温度升高造成的费米能级的位移很小,通常可以认为金属的费米能级不随温度变化,为一固定值。

若电子要逃逸出金属变为自由电子,则需要吸收一定的能量克服晶体周期性势场的束缚。为讨论方便,通常选取真空能级为能量零点,并且规定金属内部的电子被激发到真空时所需的最小能量为金属的功函数,如图 4-1 所示,即

$$W_m = \phi_m = 0 - E_{Fm} \quad (4-2)$$

式中,ϕ_m 为金属材料的功函数,E_{Fm} 为金属材料的费米能级。由于将真空能级规定为能量零点,材料的费米能级应为小于零的数值。

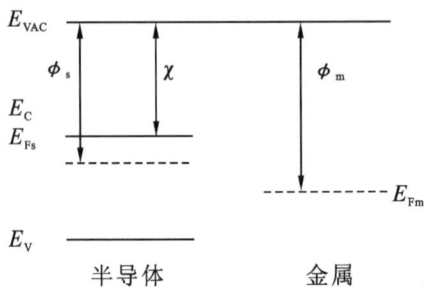

图 4-1 金属材料和半导体材料中的重要能量参数

在讨论半导体材料的功函数和费米能级时,采用相同的定义即真空能级与半导体费米能级之差为半导体材料的功函数,即

$$W_s = \phi_s = 0 - E_{Fs} \quad (4-3)$$

式中,ϕ_s 为半导体材料的功函数,E_{Fs} 为半导体材料的费米能级。半导体材料的费米能级 E_{Fs} 会随掺杂类型和掺杂浓度的变化发生移动,因此半导体材料的功函数也与材料的掺杂类型和掺杂浓度有关。除此之外,在描述半导体材料的能级结构时还定义了电子亲和势 χ,其值为真空能级与半导体材料导带底的能量差,即

$$\chi = 0 - E_C \quad (4-4)$$

式中 E_C 表示半导体中导带底的电子逃出半导体时所需的最小能量。

理想条件下,当不同的材料接触形成半导体功能器件时,费米能级的高低决定了

第4章 半导体材料的接触及能带结构测量

材料之间电荷转移的方向及两者接触界面处能带结构的弯曲程度,也将影响半导体器件的光电性能。金属与半导体接触时的界面接触类型及不同类型半导体材料之间的接触类型见表4-1。其中,金属和半导体接触时,根据金属和半导体功函数的高低,可将金属和半导体接触分为欧姆接触和肖特基接触。相较于肖特基接触,欧姆接触有较低的接触电阻,在构筑高性能载流子传输的半导体器件中需要通过材料设计和匹配获得欧姆接触。半导体与半导体接触则需根据材料是否为同种材料分为同质结和异质结。其中,同质结中根据材料的掺杂类型可分为 pn 结、n^+n 结、p^+p 结等多种接触类型;异质结中根据两种材料导带底和价带顶的相对位置分为Ⅰ型、Ⅱ型和Ⅲ型半导体接触。材料自身导带底、价带顶和费米能级的位置直接决定半导体器件中材料的界面接触类型和功能器件中载流子的收集和输运,在设计和优化器件性能时需要根据材料的能带结构进行合理的设计和优化。

表4-1 半导体器件中的接触类型

金属-半导体接触	欧姆接触	n 型半导体与金属接触 $\phi_m < \phi_s$
		p 型半导体与金属接触 $\phi_m > \phi_s$
	肖特基接触	n 型半导体与金属接触 $\phi_m > \phi_s$
		p 型半导体与金属接触 $\phi_m < \phi_s$
半导体-半导体接触	同质结（同种半导体材料接触,如 Si）	pn 结
		n^+n 结
		p^+p 结
	异质结(不同半导体材料接触,如 Si 和 ZnO)	Ⅰ型
		Ⅱ型
		Ⅲ型

4.2 pn 结的能带结构及特性

通常,通过热扩散、离子注入等方式在 n 型(或 p 型)材料的表面进行 p 型(或 n 型)掺杂,在二者的接触界面处就形成了 pn 结。

4.2.1 pn 结的能带结构

从载流子浓度的角度进行分析可知,n 型材料中的电子浓度远远大于空穴浓度,p 型材料中的空穴浓度远远大于电子浓度,且 n 型材料中的电子浓度远远大于 p 型材料中的电子浓度,p 型材料中的空穴浓度远远大于 n 型材料中的空穴浓度,即两种材料之间存在较大的载流子浓度差。因此,两种材料的接触界面处会存在由 n 型材料向 p 型材料的电子扩散电流和由 p 型材料向 n 型材料的空穴扩散电流。在载流子的转移过程中,由于失去电子,原本电中性的 n 型材料在与 p 型材料接触的界面处出现正电荷的积累,即带正电的施主离子的积累;p 型材料则由于失去空穴,在界面处出现负电荷的积累,即带负电的受主离子的积累。界面处正负离子积累的区域为空间电荷区,如图 4-2 所示。这些离子在 pn 结的接触界面处产生了一个由 n 型材料指向 p 型材料的内建电场。载流子在此电场的作用下做漂移运动,且载流子漂移运动的方向与载流子扩散运动的方向相反。随着扩散的进行,内建电场逐渐增大,载流子的漂移运动也逐渐增强,直到载流子扩散电流和漂移电流大小相等,达到动态平衡,即从 n 型区向 p 型区扩散过去的电子数目和电子在内建电场作用下返回 n 型区的电子数目相等。此时 pn 结中不再有电流流过,空间电荷区的宽度和内建电势差(V_{bi})也达到最大值。

从 p 型和 n 型材料费米能级相对位置的角度进行分析可知,如图 4-2 所示,n 型材料的费米能级靠近导带底,p 型材料的费米能级靠近价带顶,且 n 型材料的费米能级高于 p 型材料的费米能级,此时应当有电子从 n 型材料转移进入 p 型材料。由以上分析可知,转移过程中形成的内建电场使 n 型区一侧的电势能降低,p 型区一侧的电势能升高,相应的 n 型区和 p 型区的费米能级分别向下和向上移动,直至两侧形成统一的费米能级。

下面从平衡时 pn 结内部载流子的扩散电流与漂移电流相等来分析其内部费米能级的变化。

对于电子电流,总电流包括漂移电流和扩散电流两部分,将从左向右定为正方

向,则

$$J_n(x) = -n(x)e\mu_n E(x) - eD_n \frac{dn(x)}{dx} = 0 \quad (4-5)$$

式中 $n(x)$ 为电子的浓度。根据爱因斯坦关系 $D_n = k_B T \mu_n/e$,于是有

$$J_n(x) = -n(x)e\mu_n \left\{ E(x) + \frac{k_B T}{e} \frac{d[\ln n(x)]}{dx} \right\} \quad (4-6)$$

式(4-6)中电子浓度可表示为

$$n(x) = n_i \exp\left[\frac{E_F(x) - E_{Fi}(x)}{k_B T} \right] \quad (4-7)$$

将式(4-7)代入式(4-6)可得

$$J_n = -n(x)e\mu_n \left\{ E(x) + \frac{1}{e}\left[\frac{dE_F(x)}{dx} - \frac{dE_{Fi}(x)}{dx} \right] \right\} \quad (4-8)$$

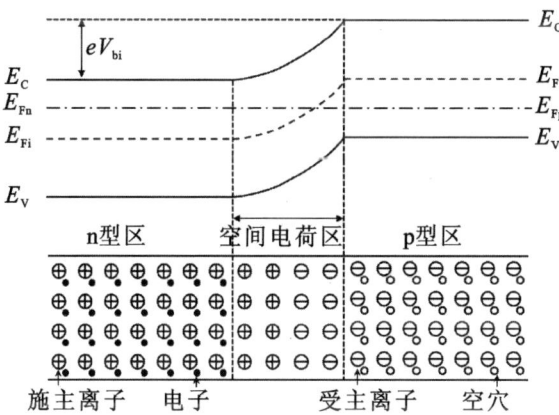

图 4-2 pn结能带结构示意图

从图 4-2 中可以看出,空间电荷区内电势 $V(x)$ 由 n 型区向 p 型区不断降低,即电子的电势能 $-eV(x)$ 由 n 型区向 p 型区不断升高。其中本征费米能级 $E_{Fi}(x)$ 的变化趋势和电势能的变化趋势一致,即

$$\frac{dE_{Fi}(x)}{dx} = -e\frac{dV(x)}{dx} = eE(x) \quad (4-9)$$

将式(4-9)带入式(4-8)可得

$$J_n = -n(x)\mu_n \frac{dE_F(x)}{dx} = 0 \qquad (4-10)$$

同理,可以得出

$$J_p = -p(x)\mu_p \frac{dE_F(x)}{dx} = 0 \qquad (4-11)$$

从式(4-10)和式(4-11)可以看出,处于热平衡状态的pn结,其费米能级不随空间位置变化,$E_F(x)$为一常数,即pn结有一个统一的费米能级。

从图4-2中不难看出,在pn结的空间电荷区能带发生弯曲,这是空间电荷区电势能变化的结果。因能带弯曲,电子从势能低的n型区向势能高的p型区运动时,必须克服eV_{bi}能垒才能到达p型区;空穴也必须克服eV_{bi}能垒才能从p型区到达n型区,通常把该eV_{bi}能垒称为pn结的势垒高度。

同时,还可以从图4-2中看出,pn结的势垒高度eV_{bi}和pn结两侧本征费米能级的高度差相等,由此可以得到

$$eV_{bi} = (E_{Fn} - E_{Fi}) + (E_{Fi} - E_{Fp}) = E_{Fn} - E_{Fp} \qquad (4-12)$$

从图4-2和式(4-12)可知,势垒的高度正好弥补了n型区和p型区费米能级之差,使平衡的pn结费米能级处处相等。根据n型区和p型区平衡载流子的浓度

$$n_{n0} = n_i \exp\left(\frac{E_{Fn} - E_{Fi}}{k_B T}\right) \qquad (4-13)$$

$$p_{p0} = p_i \exp\left(\frac{E_{Fi} - E_{Fp}}{k_B T}\right) \qquad (4-14)$$

联立式(4-12)、式(4-13)和式(4-14),并假设常温下所有的施主和受主均已电离,即$n_{n0} = N_D$、$p_{p0} = N_A$,则

$$V_{bi} = \frac{k_B T}{e} \ln\left(\frac{n_{n0} p_{p0}}{n_i^2}\right) = \frac{k_B T}{e} \ln\left(\frac{N_D N_A}{n_i^2}\right) \qquad (4-15)$$

从式(4-15)可以看出,接触电势差V_{bi}和pn结两侧的掺杂浓度、温度、材料的禁带宽度都有关系。通常可以通过调控pn结两侧材料的掺杂浓度来调控pn结的接触电势差和内建电场。

4.2.2 pn结内的电场强度

在突变结近似下,pn结两侧的材料掺杂浓度存在突变,如图4-3所示,n型区掺

杂浓度为 N_D，p 型区掺杂浓度为 N_A。在形成 pn 结时，由于空间电荷区的形成，在 n 型区一侧形成了浓度为 N_D 的带正电的施主离子，在 p 型区一侧形成了浓度为 N_A 的带负电的受主离子。

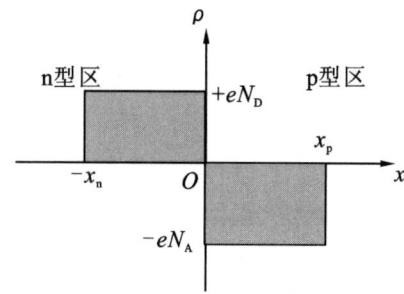

图 4-3　突变结近似下空间电荷区的分布

假设平衡时正负空间电荷区的宽度分别为 x_n 和 x_p，则整个空间电荷区的宽度

$$W = x_n + x_p \tag{4-16}$$

式中 x_n 和 x_p 的数值是相互联系的。考虑到 pn 结形成前后均满足电中性的条件，n 型区一侧正电荷的数量应当与 p 型区一侧负电荷的数量相等，即

$$x_n S N_D = x_p S N_A \tag{4-17}$$

式中 S 为 pn 结的截面积。式(4-17)可进一步化简为

$$x_n N_D = x_p N_A \tag{4-18}$$

式(4-18)表明，势垒区正负电荷区的宽度和该区的杂质浓度成反比。杂质浓度高的一侧空间电荷区的宽度小，杂质浓度低的一侧宽度大。

空间电荷区的泊松方程为

$$\frac{d^2 V(x)}{dx^2} = -\frac{eN_D}{\varepsilon_r \varepsilon_0} = -\frac{dE(x)}{dx} \quad (-x_n \leqslant x < 0) \tag{4-19}$$

$$\frac{d^2 V(x)}{dx^2} = \frac{eN_A}{\varepsilon_r \varepsilon_0} = -\frac{dE(x)}{dx} \quad (0 \leqslant x \leqslant x_p) \tag{4-20}$$

且满足边界条件

$$E(-x_n) = 0 \tag{4-21}$$

$$E(x_p) = 0 \tag{4-22}$$

对式(4-19)进行积分可得

$$E(x) = \frac{eN_D}{\varepsilon_r \varepsilon_0} x + C_1 \tag{4-23}$$

其中 C_1 为待定常数,将边界条件式(4-21)带入式(4-23)可得

$$C_1 = \frac{eN_D}{\varepsilon_r \varepsilon_0} x_n \qquad (4-24)$$

再将式(4-24)代入式(4-23),可以得到 n 型区一侧空间电荷区内($-x_n \leq x < 0$)的电场强度

$$E(x) = \frac{eN_D}{\varepsilon_r \varepsilon_0}(x + x_n) \qquad (4-25)$$

同理,可得 p 型区一侧空间电荷区内($0 \leq x \leq x_p$)的电场强度为

$$E(x) = \frac{eN_A}{\varepsilon_r \varepsilon_0}(x_p - x) \qquad (4-26)$$

从式(4-25)和式(4-26)可以看出,空间电荷区内的电场强度是空间位置的线性函数,如图 4-4 所示。在空间电荷区的边缘 $-x_n$ 和 x_p 处,电场强度为零。随着位置不断靠近 pn 结界面,空间电荷区的电场强度逐渐增大,并在 pn 结界面处达到最大值

$$E_{\max} = \frac{eN_D x_n}{\varepsilon_r \varepsilon_0} = \frac{eN_A x_p}{\varepsilon_r \varepsilon_0} \qquad (4-27)$$

式中 $N_D x_n$ 和 $N_A x_p$ 分别为 n 型区一侧和 p 型区一侧空间电荷区中正负离子的总数,且两者相等。

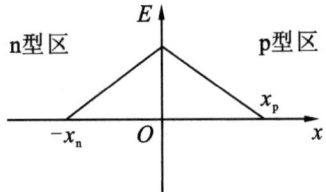

图 4-4 空间电荷区的电场分布

对于 p^+n 结,$N_A \gg N_D$,则有 $x_n \gg x_p$,即 p 型材料的掺杂浓度很高,空间电荷区的宽度 W 近似与 n 型材料一侧空间电荷区的宽度 x_n 相等。对于 n^+p 结,$N_D \gg N_A$,则有 $x_p \gg x_n$,即 n 型材料的掺杂浓度很高,空间电荷区的宽度 W 近似与 p 型材料一侧空间电荷区的宽度 x_p 相等。

对式(4-25)和式(4-26)进一步进行积分可以获得空间电荷区内电势的分布随位置的变化关系,即 n 型区和 p 型区的电势分布分别为

$$V(x) = -\frac{eN_D}{2\varepsilon_r \varepsilon_0}x^2 - \frac{eN_D}{\varepsilon_r \varepsilon_0}xx_n + D_1 \quad (-x_n \leq x < 0) \qquad (4-28)$$

$$V(x) = \frac{eN_A}{2\varepsilon_r\varepsilon_0}x^2 - \frac{eN_A}{\varepsilon_r\varepsilon_0}xx_p + D_2 \quad (0 \leq x \leq x_p) \tag{4-29}$$

由于电场的方向由 n 型区指向 p 型区,即图 4-3 中 x 轴的正方向,则从 $-x_n$ 到 x_p 电势逐渐降低,且两点的电势差为 V_{bi}。将 x_p 处的电势看作 0,则 $-x_n$ 处的电势应为 V_{bi}。将这两个边界条件带入式(4-28)和式(4-29)可得

$$D_1 = V_{bi} - \frac{1}{2}\frac{eN_D x_n^2}{\varepsilon_r\varepsilon_0} \tag{4-30}$$

$$D_2 = \frac{1}{2}\frac{eN_A x_p^2}{\varepsilon_r\varepsilon_0} \tag{4-31}$$

将式(4-30)和式(4-31)代入式(4-28)和式(4-29)可得

$$V(x) = V_{bi} - \frac{eN_D}{2\varepsilon_r\varepsilon_0}(x+x_n)^2 \quad (-x_n \leq x < 0) \tag{4-32}$$

$$V(x) = \frac{eN_A}{2\varepsilon_r\varepsilon_0}(x-x_p)^2 \quad (0 \leq x \leq x_p) \tag{4-33}$$

从式(4-32)和式(4-33)可以看出,在平衡 pn 结的空间电荷区中,电势分布呈抛物线形,如图 4-5 所示,$-x_n$ 和 x_p 两点处的电势差为 V_{bi},$-x_n$ 和 x_p 两点处的电势能差为 $-eV_{bi}$。

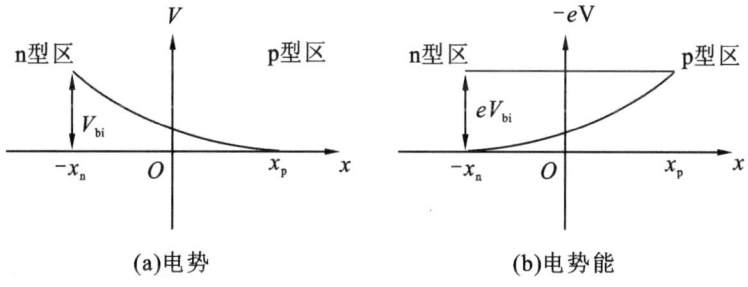

图 4-5 空间电荷区内电势和电势能的分布

在 $x=0$ 处,电势 $V(x)$ 连续,根据式(4-28)和式(4-29)可得,$D_1 = D_2$。代入式(4-30)和式(4-31)可得

$$V_{bi} = \frac{1}{2}\frac{e(N_D x_n^2 + N_A x_p^2)}{\varepsilon_r\varepsilon_0} \tag{4-34}$$

4.2.3 空间电荷区宽度和结电容

由于 $x_n N_D = x_p N_A$,且空间电荷区宽度 $W = x_n + x_p$,将其带入式(4-34)可分别求

得空间电荷区的宽度 W 以及 n 型区、p 型区的宽度 x_n 和 x_p，即

$$W = \sqrt{V_D \frac{2\varepsilon_r\varepsilon_0}{e} \frac{N_D + N_A}{N_A N_D}} \tag{4-35}$$

$$x_n = \sqrt{V_{bi} \frac{2\varepsilon_r\varepsilon_0}{e} \frac{N_A}{N_D} \frac{1}{N_D + N_A}} \tag{4-36}$$

$$x_p = \sqrt{V_{bi} \frac{2\varepsilon_r\varepsilon_0}{e} \frac{N_D}{N_A} \frac{1}{N_D + N_A}} \tag{4-37}$$

因此，pn 结界面处的电场强度可以进一步表述为

$$E_{max} = \frac{eN_D x_n}{\varepsilon_r\varepsilon_0} = \frac{eN_D}{\varepsilon_r\varepsilon_0}\sqrt{V_{bi}\frac{2\varepsilon_r\varepsilon_0}{e}\frac{N_A}{N_D}\frac{1}{N_D+N_A}} = \frac{2V_{bi}}{W} \tag{4-38}$$

可以通过图 4-4 和图 4-5 进一步分析式(4-38)的意义。由于 $dV(x) = -E(x)dx$，因此图 4-4 中三角形的面积应当等于 $-x_n$ 和 x_p 两点处的电势差 V_{bi}，根据三角形面积公式可得

$$\frac{1}{2}W \times E_{max} = V_{bi} \tag{4-39}$$

其中，空间电荷区的宽度 W 相当于三角形的底边，最大电场强度 E_{max} 相当于三角形的高。

对于 p^+n 结，由于 $N_A \gg N_D$，因此 $x_n \gg x_p$，于是有

$$W \approx x_n \approx \sqrt{V_{bi}\frac{2\varepsilon_r\varepsilon_0}{e}\frac{1}{N_D}} \tag{4-40}$$

同理，对于 n^+p 结，由于 $N_D \gg N_A$，因此 $x_p \gg x_n$，于是有

$$W \approx x_p \approx \sqrt{V_{bi}\frac{2\varepsilon_r\varepsilon_0}{e}\frac{1}{N_A}} \tag{4-41}$$

从式(4-40)和式(4-41)可以看出，空间电荷区的宽度大部分由低掺杂浓度一侧的空间电荷区来贡献。

以上分析为热平衡时 pn 结的静电特性。当有外加电场存在时，pn 结空间电荷区的宽度和势垒的高度都将发生改变，且电场方向不同会产生不同的效果。如图 4-6 所示，当外加电场与 pn 结内建电场方向一致时，即外加电场的方向为从 n 型区指向 p 型区(此时 n 型区接正极，p 型区接负极)，即相较于 p 型区，n 型区的电势能进一步降低，n 型区导带底和 p 型区导带底的能量差值进一步增大。由式(4-36)和式(4-37)可知，此时，n 型区和 p 型区空间电荷区的宽度将进一步增大，如图 4-6(a)所示。

电子从 n 型区向 p 型区移动时,需要克服更高的势垒,将此时 pn 结的偏置状态称为反向偏置。

当 n 型区接负极,p 型区接正极时,外加电场的方向与内建电场的方向相反,相较于 p 型区,n 型区的电势能进一步升高,n 型区导带底和 p 型区导带底的能量差值进一步减小。由式(4-36)和式(4-37)可知,此时,n 型区和 p 型区空间电荷区的宽度将减小,如图 4-6(b)所示。电子从 n 型区向 p 型区移动时,需要克服较小的势垒,将此时 pn 结的偏置状态称为正向偏置。

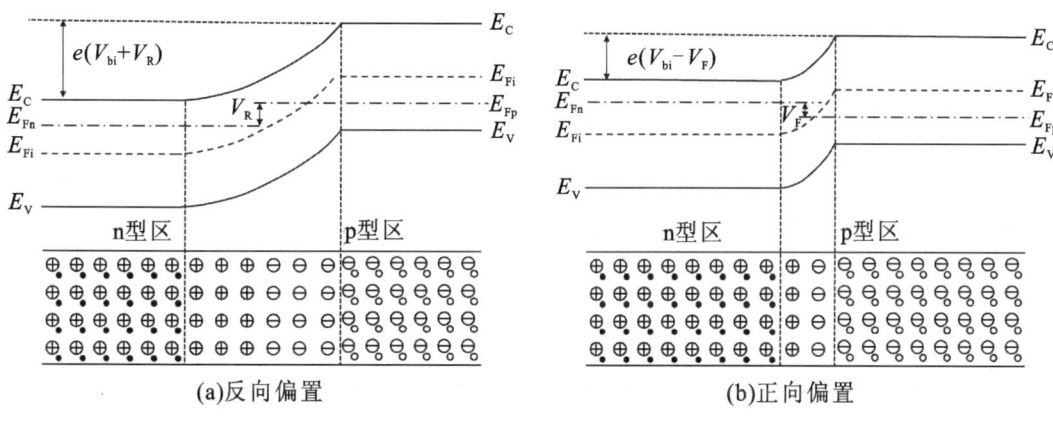

图 4-6 pn 结偏置情况下能带结构示意图

在计算偏置状态下空间电荷区的宽度时,可将偏置状态下 pn 结两侧的电势差 $V_{bi}+V_R$ 和 $V_{bi}-V_F$ 带入式(4-35)、式(4-36)和式(4-37)。

对于反向偏置的状态,空间电荷区的宽度及 n 型区和 p 型区宽度分别为

$$W = \sqrt{(V_{bi}+V_R)\frac{2\varepsilon_r\varepsilon_0}{e}\frac{N_D+N_A}{N_A N_D}} \qquad (4-42)$$

$$x_n = \sqrt{(V_{bi}+V_R)\frac{2\varepsilon_r\varepsilon_0}{e}\frac{N_A}{N_D}\frac{1}{N_D+N_A}} \qquad (4-43)$$

$$x_p = \sqrt{(V_{bi}+V_R)\frac{2\varepsilon_r\varepsilon_0}{e}\frac{N_D}{N_A}\frac{1}{N_D+N_A}} \qquad (4-44)$$

对于正向偏置的状态,空间电荷区的宽度及 n 型区和 p 型区的宽度分别为

$$W = \sqrt{(V_{bi}-V_F)\frac{2\varepsilon_r\varepsilon_0}{e}\frac{N_D+N_A}{N_A N_D}} \qquad (4-45)$$

$$x_n = \sqrt{(V_{bi}-V_F)\frac{2\varepsilon_r\varepsilon_0}{e}\frac{N_A}{N_D}\frac{1}{N_D+N_A}} \qquad (4-46)$$

$$x_p = \sqrt{(V_{bi} - V_F) \frac{2\varepsilon_r\varepsilon_0}{e} \frac{N_D}{N_A} \frac{1}{N_D + N_A}} \tag{4-47}$$

当处于正向偏置或反向偏置时,空间电荷区的宽度将减小或增大,即空间电荷区内电荷的总量会随着偏置电压的变化而发生变化。pn 结的这种性质与电容的性质相似,即当外加偏压发生变化时,pn 结具有存储和释放电荷的能力,故 pn 结的电容效应称为势垒电容。

由式(4-18)可知,处于热平衡时,空间电荷区单位面积上的电荷量为

$$Q = eW \frac{N_A N_D}{N_D + N_A} \tag{4-48}$$

在外加电压作用下,如式(4-42)和式(4-45)所示,空间电荷区宽度 W 与外加电压的大小和方向有关,即空间电荷区内的电荷量与外加电压有关。将式(4-48)带入微分电容的表达式,可得 pn 结单位面积的电容 C,即

$$C = \frac{dQ}{dV} = e\frac{N_A N_D}{N_D + N_A}\frac{dW}{dV} = \sqrt{\frac{1}{V_{bi} + V_R}\frac{\varepsilon_r\varepsilon_0}{2e}\frac{N_A N_D}{N_D + N_A}} \tag{4-49}$$

从式(4-49)可以看出,pn 结的电容随着反向外加电压的增大逐渐减小。

对于 p$^+$n 结,由于 $N_A \gg N_D$,结电容公式可以化简为

$$C \approx \sqrt{\frac{N_D}{V_{bi} + V_R}\frac{\varepsilon_r\varepsilon_0}{2e}} \tag{4-50}$$

对于 n$^+$p 结,由于 $N_D \gg N_A$,结电容公式可以简化为

$$C \approx \sqrt{\frac{N_A}{V_{bi} + V_R}\frac{\varepsilon_r\varepsilon_0}{2e}} \tag{4-51}$$

从式(4-50)和式(4-51)可以看出,对于单边突变结,其结电容和低掺杂浓度侧的掺杂浓度有关。将式(4-50)和式(4-51)两个式子变形可得

$$\frac{1}{C^2} = \frac{V_{bi} + V_R}{N}\frac{2e}{\varepsilon_r\varepsilon_0} \tag{4-52}$$

式中 N 为半导体材料的掺杂浓度。从式(4-52)可以进一步推断出,测量单边突变结的电容随着反向偏压的变化,并画出 $1/C^2$ 和施加偏压的关系,可以获得一条斜率为 $2e/N\varepsilon_r\varepsilon_0$ 且与 x 轴交点为 $-V_{bi}$ 的直线。通过拟合该直线的斜率可以获得低掺杂浓度侧的掺杂浓度和单边突变结的内建电势差 V_{bi}。

4.3 金属和半导体接触

金属和掺杂浓度不高的半导体接触也会形成类似 pn 结的空间电荷区和能带弯曲。金属中自由电子的浓度很高,在讨论金属与半导体接触时可等效为一种单边突变结,即将金属看作一种掺杂浓度很高的半导体,空间电荷区和能带弯曲主要发生在半导体材料一侧。

按照肖特基模型,金属和半导体界面附近半导体中的能带情况取决于形成接触的金属的功函数 ϕ_m、半导体的功函数 ϕ_s 和电子亲和势 χ。如图 4-7 所示,当 n 型半导体和金属接触时,假设 $\phi_m > \phi_s$,此时将有电子从半导体转移到金属,从而使半导体一侧的电势升高(电势能降低)、金属一侧的电势降低(电势能升高)。与前述 pn 结一样,当半导体侧和金属侧的费米能级由于附加电势差的影响相等时,体系处于热平衡状态,即此时体系具有统一的费米能级。按照单边突变结模型,此时的空间电荷区和能带弯曲在 n 型半导体一侧,如图 4-7 所示。

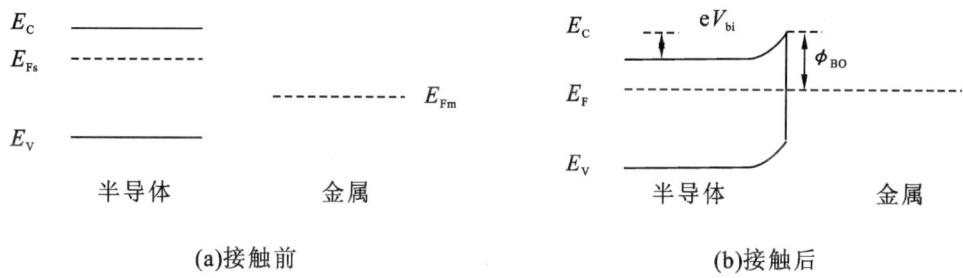

(a)接触前　　　　　　　　　　(b)接触后

图 4-7　理想情况下半导体和金属形成肖特基接触时的能带结构图

从图 4-7 可以看出,金属一侧的电子需要克服高度为 ϕ_{BO} 的势垒才能从金属一侧移动到半导体内,此势垒为肖特基势垒。理想情况下,其大小为金属功函数 ϕ_m 和半导体电子亲和势 χ 之差,即

$$\phi_{BO} = \phi_m - \chi \tag{4-53}$$

在半导体一侧,V_{bi} 为内建电势差。半导体一侧的电子需要克服高度为 eV_{bi} 的势垒才能从半导体一侧移动到金属一侧。从图 4-7 可以看出,内建电势差的大小与肖特基势垒的高度和半导体一侧费米能级到导带底的能量差有关,即

$$eV_{bi} = \phi_{BO} - (\phi_s - \chi) \tag{4-54}$$

将式(4-53)带入式(4-54)可得

$$eV_{bi} = \phi_m - \phi_s \tag{4-55}$$

即内建电势差的大小与金属和半导体的功函数的差值有关。与 pn 结的内建电势差一样,其大小取决于 p 型材料和 n 型材料的功函数之差。

根据单边突变结的结论可知,半导体一侧空间电荷区的宽度和势垒电容可以表述为

$$W = \sqrt{(V_{bi} + V_R) \frac{2\varepsilon_r \varepsilon_0}{e} \frac{1}{N_D}} \quad (4-56)$$

$$C = \sqrt{\frac{N_D}{V_{bi} + V_R} \frac{\varepsilon_r \varepsilon_0}{2e}} \quad (4-57)$$

如图 4-8 所示,与肖特基接触不同,当 n 型半导体和金属接触时,假设 $\phi_s > \phi_m$,此时将有电子从金属转移到半导体,从而使半导体一侧的电势降低(电势能升高)、金属一侧的电势升高(电势能降低)。与前述 pn 结一样,当半导体侧和金属侧的费米能级由于附加电势差的影响相等时,体系处于热平衡状态,界面处半导体的能带向下弯曲。此时,半导体中的电子向金属中迁移时可以感受到较小的阻力。同时,金属中的电子克服较小的势垒即可转移到半导体中,此时金属和半导体之间的接触电阻较小,这种情况下半导体和金属之间的接触为欧姆接触。

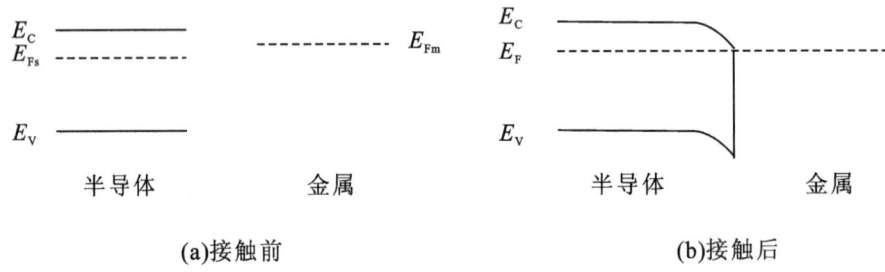

图 4-8 理想情况下半导体和金属形成欧姆接触时的能带结构图

当 p 型材料与金属材料接触时,采用相同的分析方法,即平衡时半导体和金属的费米能级相同。如图 4-9(a)所示,当金属的费米能级高于半导体的费米能级时,即 $\phi_s > \phi_m$,此时在 p 型半导体与金属接触的界面处将出现负电荷的积累,即半导体一侧的电势降低而电势能升高,接触界面处的能带向下弯曲。考虑到 p 型半导体中的空穴向金属一侧迁移时,将受到界面势垒的阻碍作用,因此称此时金属和半导体的接触为肖特基接触。如图 4-9(b)所示,当金属的费米能级低于半导体的费米能级时,即 $\phi_m > \phi_s$,此时有电子从半导体转移到金属,从而使半导体一侧的电势升高而电势能降低,此时接触界面处的能带向上弯曲。考虑 p 型半导体中的空穴向金属一侧迁移时,

将受到较小的阻力,因此称此时金属和半导体的接触为欧姆接触。

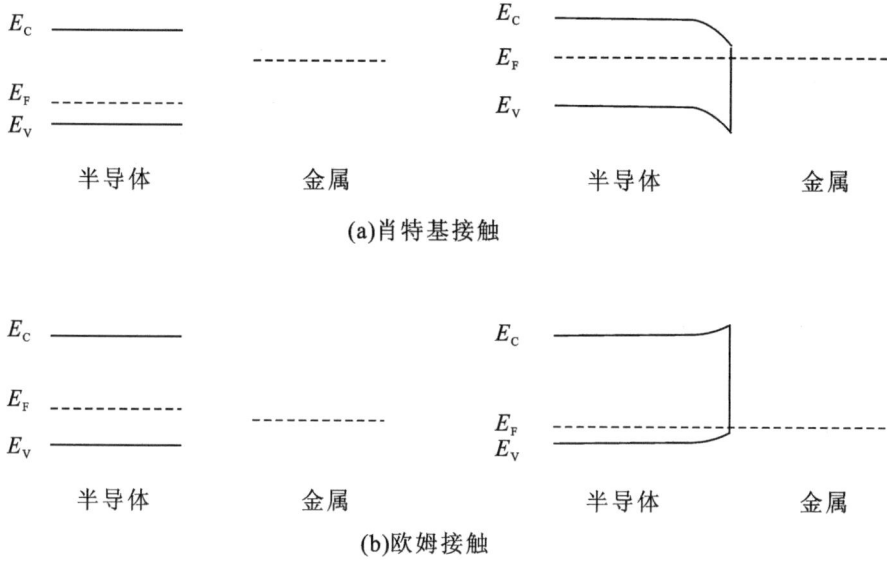

图4-9 p型半导体材料和金属接触时形成肖特基接触和欧姆接触的能带结构图

本章前三节中采用处于热平衡时体系具有统一费米能级这一平衡判据,分析了同质pn结和金属半导体接触的接触电势差、内建电场和电容特性。对于其他类型的材料接触,包括n^+n结、p^+p结、异质结等特殊的情况,可采用相同的方法借助分析接触前后界面处电荷的转移、积累来分析接触界面处的能带弯曲和内建电场。在进行半导体器件的设计时,也可以根据器件的工作要求,设计与之相匹配的界面接触特性,以实现相应的功能。

4.4 材料费米能级及界面接触势垒的测试方法

半导体材料组装成功能器件时会形成各种类型的接触界面,界面处电荷积累和能带弯曲情况将会影响载流子的分离、收集,最终影响器件的光电性能。因此在组装器件之前和组装成器件之后,需要考虑其相关的能带结构和接触类型的参数,包括费米能级的位置、导带底的位置、价带顶的位置等信息。

常用的测量半导体材料能级结构的方法包括紫外光电子能谱(ultraviolet photoelectron spectroscopy,UPS)、开尔文探针;测量半导体器件能带结构的方法有开尔文探针、电容-电压($C-V$)测量。随着材料模拟软件的广泛采用,也可以采用密度泛函理论构建异质结构模型,计算接触界面的能带结构。这里我们只介绍较常用的紫外光电子能谱和开尔文探针。

4.4.1 紫外光电子能谱

根据光电效应原理,当高能光子照射材料时,材料内部的电子可以吸收光子的能量从而摆脱材料的束缚,变成自由的电子。由于电子脱离材料需要消耗一定的能量(功函数),电子的动能相较于激发光的能量将发生变化。通过能量分析器分析脱离材料电子的能量分布可计算出材料的功函数,如图 4-10 所示。

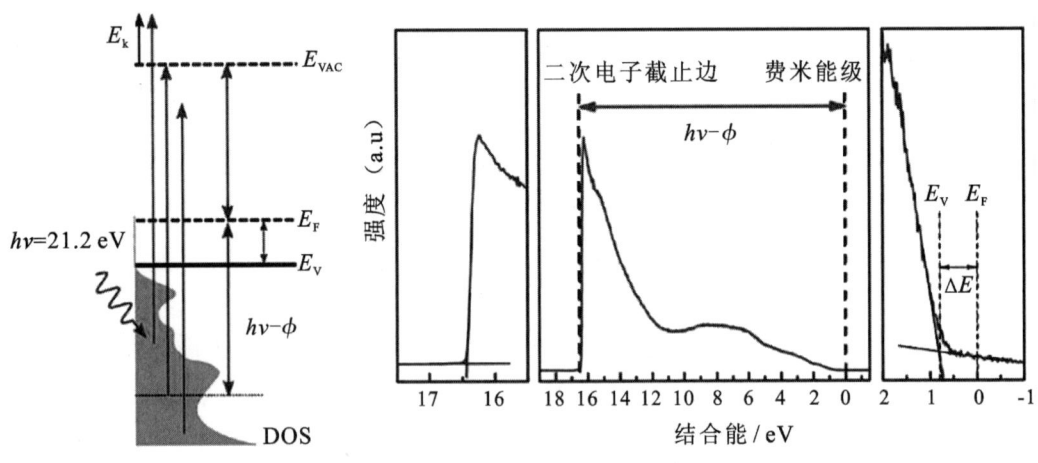

图 4-10 UPS 分析原理图及数据处理

在紫外光电子能谱测量中,采用能量 $h\nu$ 为 21.2 eV 的紫外光作为激发源。在紫外光照射下材料中的价电子将发生跃迁并被能量分析器收集。紫外光电子与材料发生相互作用时会产生两种光电子:① 发生弹性散射的光电子;② 发生非弹性散射的光电子,即二次电子。

通过分析弹性散射光电子的能量信息,可以获得体系费米能级的相关信息;通过分析二次电子的能量信息,可以获得体系的功函数,如图 4-10 所示,材料的功函数为

$$\phi_s = h\nu - E_{\text{cut-off}} \tag{4-58}$$

其中 $E_{\text{cut-off}}$ 为二次电子的能量截止边。通过分析弹性散射光电子的信息,可以获得价带顶与费米能级之间的能量差 ΔE,结合之前所获得的体系的功函数 $\phi_s = -E_F$,可以通过计算获得材料的价带能级 $E_V = E_F - \Delta E$。实验上,可以通过分析材料的紫外可见吸收光谱得到的材料光学带隙,计算出材料导带底的位置 $E_C = E_V + E_g$,具体过程如图 4-11 所示。

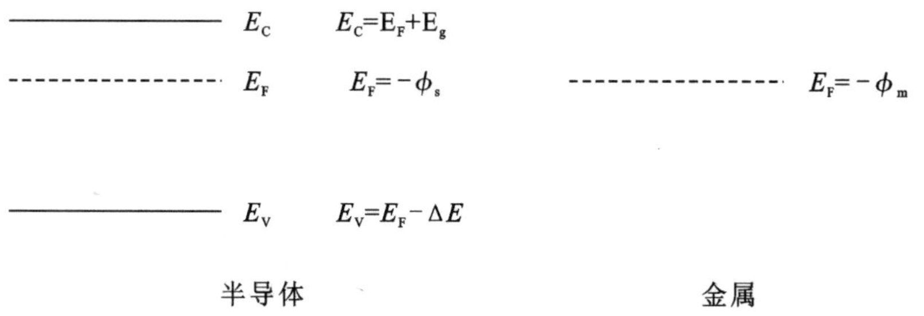

第4章 半导体材料的接触及能带结构测量

$$E_C \quad E_C = E_F + E_g$$
$$E_F \quad E_F = -\phi_s \qquad E_F = -\phi_m$$
$$E_V \quad E_V = E_F - \Delta E$$

半导体 　　　　　　　　　　　　　金属

图4-11　利用紫外光电子能谱确定半导体和金属费米能级的示意图

对于金属材料,则可以从图中得到二次电子截止边的能量 $E_{out-off}$,并通过公式 $\phi_m = h\nu - E_{out-off}$ 获得金属材料的功函数。

UPS 的探测深度仅为 2~3 nm,其结果反映的是表面材料的能带结构。在实际的研究当中,也可以通过构筑界面的方法研究半导体接触处体系当中能量的变化和内建电场。例如,可以在钙钛矿的表面蒸镀 C_{60} 并研究其厚度对功函数的影响,从而探究界面处电子的能量分布;也可以通过离子刻蚀的方法不断剥离样品,测量样品内部的能级结构信息。

4.4.2 开尔文探针

开尔文探针是一种测量针尖与样品表面接触电势差的方法,其原理如图4-12所示。当功函数不同的两种材料接触时,两种材料之间将发生电荷转移,电子从费米能级高的材料转移到费米能级低的材料,从而使材料表面分别带正电荷和负电荷,两者之间将产生一个接触电势差,大小为两种材料费米能级的差异。开尔文探针测量通过施加一外电场来抵消表面电荷积累的作用,从而测出两种材料之间的接触电势差 V_{CPD}。

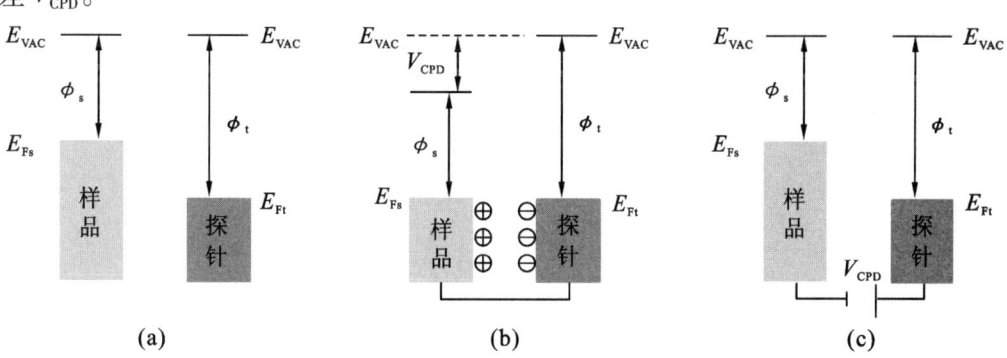

图4-12　开尔文探针测试材料功函数原理图

针尖与样品之间的接触电势差为

$$V_{CPD} = \frac{\phi_t - \phi_s}{-e} \quad (4-59)$$

通常开尔文探针的功函数不是一个固定的数值,会随时间的变化而发生变化。因此,在每次测量之前,需要使用标准样品,如高定向热解石墨(HOPG, ϕ_{HOPG} = 4.8 eV),对针尖的功函数进行标定。根据接触电势差的公式计算出针尖的功函数 $\phi_t = \phi_{HOPG} - eV_{CPD-ref}$,其中 $V_{CPD-ref}$ 为针尖与标准样品 HOPG 之间的接触电势差。再将此值带入样品的接触电势差公式(4-59)可得

$$\phi_s = \phi_{HOPG} + e(V_{CPD} - V_{CPD-ref}) \quad (4-60)$$

通过这一系列的测量,可获得样品表面的功函数(费米能级)。

除了获得材料的功函数外,也可采用开尔文探针测量半导体器件内部费米能级的变化趋势,如图 4-13 所示。采用开尔文探针测量太阳能电池横截面的功函数变化,可以获得电池在接触界面处的能带弯曲和相应的器件内部的电场强度信息,可为揭示半导体器件内部载流子的收集和分离提供更为直观的信息。

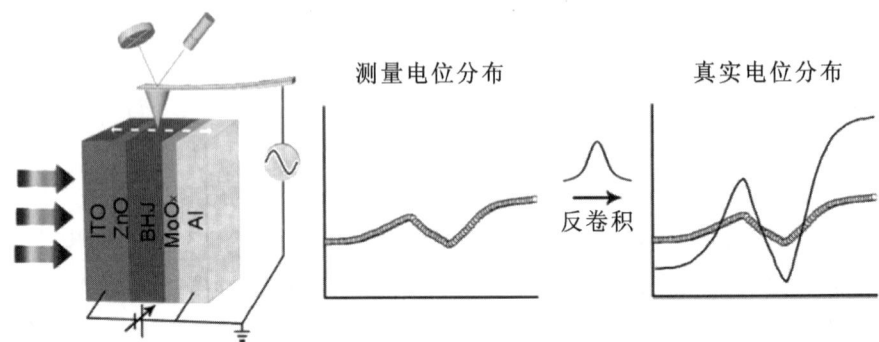

图 4-13 采用开尔文探针测量电池内部电位分布示意图

参考资料

[1] 刘恩科,朱秉升,罗晋生. 半导体物理学[M]. 7版. 北京:电子工业出版社,2017.

[2] 谢希德,方俊鑫. 固体物理学:上册[M]. 上海:上海科学技术出版社,1961.

[3] 黄昆,谢希德. 半导体物理学[M]. 北京:科学出版社,1958.

[4] 施罗德. 半导体材料与器件表征技术[M]. 大连理工大学半导体研究室,译. 大连:大连理工大学出版社,2008.

[5] CHEN Q, YE F Y, LAI J Q, et al. Energy band alignment in operando inverted structure P3HT:PCBM organic solar cells[J]. Nano energy, 2014, 40:454-461.

第 5 章 半导体缺陷及测量

能带理论研究表明,完美的半导体单晶材料能带由允带和禁带组成,其中能量最高的、填充满的允带为价带(valance band),与其相邻的空带为导带(conduction band)。导带底和价带顶之间的能量差为半导体材料的带隙(band gap)。尽管理想晶体的能带结构中,禁带内不存在允许的能量状态,但是由于实际晶体中总是存在缺陷和表面,这些缺陷和表面破坏了理想的周期性势场,会在导带和价带之间的禁带当中出现可被电子占据的能级,这些能级称为缺陷能级。

按照缺陷的物理尺寸,可将缺陷分为点缺陷、线缺陷和面缺陷。其中,点缺陷包括间隙原子、空位、替位原子等;线缺陷包括刃位错、螺纹错等;面缺陷包括堆叠层错等。

按照缺陷能级与导带底或价带顶的能量差,可将缺陷分为浅能级缺陷和深能级缺陷。通常,浅能级缺陷在热激发下可向导带发射电子或向价带发射空穴,给半导体提供电子或空穴,实现对半导体材料的掺杂。而深能级缺陷通常为电子和空穴的非辐射复合中心,会减小载流子的寿命。在具体的应用中,需要根据器件的应用场景,调控缺陷的类型和浓度,从而实现特定的功能。深能级缺陷会对载流子输运和载流子寿命产生重要的影响,本章主要讨论深能级缺陷的性质及对其进行表征的方法。

5.1 载流子的产生 – 复合理论

半导体材料内部的相互作用,使得任何半导体材料处于平衡状态时,导带和价带中总有一定数量的电子和空穴。对于载流子,从微观上来看,一直存在着载流子的产生和复合过程。处于平衡状态时,单位时间内载流子的产生数目和复合数目相等。当半导体材料处于非平衡状态时,这些产生和复合的微观过程也促使系统由非平衡状态向平衡状态过渡,即载流子的复合数目大于产生数目,引起非平衡载流子的净复合。

如图5-1所示,根据载流子复合过程是否需要借助第三能级,可将载流子复合过程分为两种:直接复合(①),即电子在导带和价带之间的直接跃迁,引起电子和空穴的直接复合;间接复合(②③),即电子和空穴通过禁带的能级(复合中心)进行复合。载流子复合时会释放出多余的能量,放出能量的方式有三种:一是发射光子,伴随着电子和空穴的复合,将有发光现象,常称为发光复合或辐射复合;二是发射声子,载流子复合时将多余的能量传给晶格,转换为晶格振动的能量;三是将能量给予载流子,增加它们的动能,称为俄歇(Auger)复合。后两种复合过程也称非辐射复合。

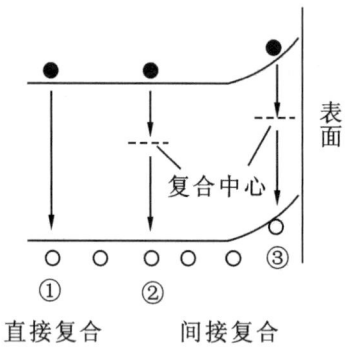

图5-1 载流子的复合过程示意图

直接复合在3.5.1中已经讨论过,本章将主要分析间接复合的过程及相关的参数。

5.1.1 间接复合

半导体中的杂质和缺陷在禁带中形成一定的能级,除了影响半导体的电学特性以外,对非平衡载流子的寿命也有很大的影响。实验发现,半导体中杂质越多、晶格缺陷越多,载流子寿命就越短,这说明杂质和缺陷有促进载流子复合的作用。这些促进复合过程的杂质和缺陷称为复合中心。

电子和空穴通过禁带中的复合中心进行复合时,复合过程可分为两步:第一步为电子捕获过程,即导带电子落入复合中心能级;第二步,被捕获电子与空穴复合。此时,复合中心恢复了原来未被电子占据的空态,可以再开始下一次的复合过程。

对于复合中心而言,共有四个微观过程,具体如图5-2所示,分别为:

(1)电子捕获:复合中心对电子的捕获过程,即复合中心能级从导带中捕获电子。

(2)电子发射:复合中心能级上电子的发射过程,即复合中心能级上的电子被激发到导带,此过程为电子捕获过程的逆过程。

(3)空穴捕获:复合中心对空穴的捕获过程,即复合中心从价带中捕获空穴,也可以看作是电子从复合中心落入价带与空穴的复合过程。

(4)空穴发射:复合中心对空穴的发射过程,即复合中心向价带发射一个空穴,也可以看作是价带中的电子被激发到复合中心,此过程为空穴捕获过程的逆过程。

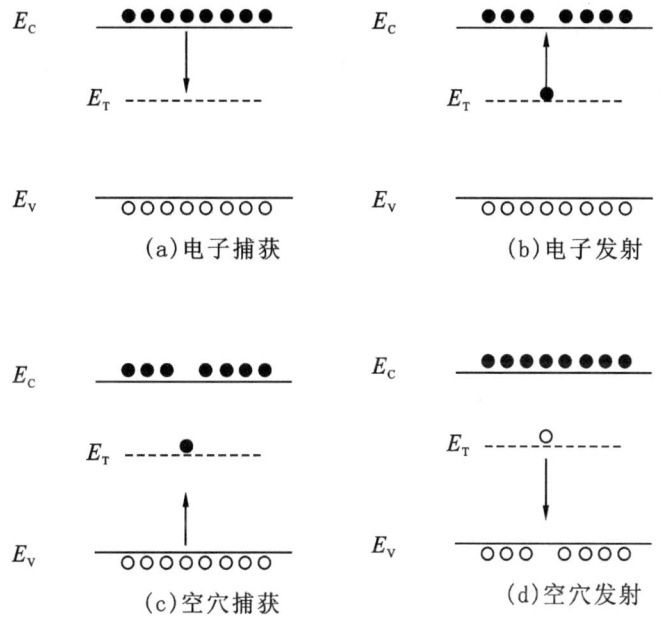

图 5-2 载流子通过缺陷能级复合的过程示意图

为了具体求出载流子通过复合中心进行复合的复合速率,必须对这四个基本过程做出确切的定量描述。假设复合中心浓度为 N_T,复合中心能级上的电子浓度为 n_T,即被电子占据的浓度;那么 $N_T - n_T$ 就是未被电子占据的复合中心浓度,即空态。下面对四个过程进行数学定量描述,以找到几个过程之间的内在相互联系。

在电子捕获过程中,把单位体积、单位时间内被复合中心捕获的电子数称为电子捕获速率。导带电子浓度越高、复合中心的空态数目越多,电子碰到空复合中心而被捕获的概率也就越大。因此,电子捕获速率与导带电子浓度和空复合中心浓度 $N_T - n_T$ 成比例,即

$$R_{cn} = C_n(N_T - n_T)n \tag{5-1}$$

$$n_T = N_T f_F(E_T) = \frac{N_T}{1 + \exp\dfrac{E_T - E_F}{k_B T}} \tag{5-2}$$

其中，R_{cn} 为电子捕获速率，C_n 为电子捕获系数。C_n 反映了复合中心对电子的捕获能力，与缺陷对电子的捕获截面 σ_n、电子的平均运动速度 $<v_n>$ 有关，即

$$C_n = \sigma_n <v_n> \tag{5-3}$$

其物理图像为：复合中心在晶格中稳定存在，而电子以平均速度 $<v_n>$ 在晶格当中运动。因此，在单位时间内，以复合中心为圆柱的中心，$\sigma_n <v_n>$ 体积范围内的电子有很高的概率被复合中心捕获。n_T 为平衡条件下复合中心能级上电子的数目，$f_F(E_T)$ 为复合中心上电子的占据概率，和复合中心能级与费米能级的能量差有关。

复合中心能级上电子的发射是电子捕获的逆过程，可用电子发射速率代表单位体积、单位时间内复合中心向导带发射的电子数。从图 5-2 可以看出，只有被电子占据的复合中心才能向导带发射电子。因此，电子发射速率 R_{en} 应当和 n_T 成比例，即

$$R_{en} = E_n n_T = E_n N_T f_F(E_T) \tag{5-4}$$

其中，R_{en} 为电子发射速率，E_n 为电子发射系数。

当系统处于热平衡状态时，半导体材料中电子和空穴的数目不随时间变化。因此，缺陷能级对电子的捕获速率和发射速率应当相等，即

$$R_{cn} = R_{en} \tag{5-5}$$

将式(5-1)、式(5-2)和式(5-4)代入式(5-5)可得

$$C_n N_T [1 - f_F(E_T)] n_0 = E_n N_T f_F(E_T) \tag{5-6}$$

式中 n_0 为热平衡状态下导带上电子的浓度。进一步化简可得

$$E_n = n' C_n \tag{5-7}$$

其中

$$n' = N_C \exp\left[\frac{-(E_C - E_T)}{k_B T}\right] \tag{5-8}$$

n' 等效为当费米能级 E_F 与缺陷能级 E_T 重合时导带上的平衡电子浓度。

相应地，在空穴捕获过程中，把单位体积、单位时间内被复合中心捕获的空穴数称为空穴捕获率。价带上空穴的数目越多，被电子填充的复合中心越多，空穴碰到复合中心而被捕获的机会就越大。因此，空穴捕获率与价带中空穴的浓度 p 和复合中心上电子浓度 n_T 成比例，即

$$R_{cp} = C_p n_T p \tag{5-9}$$

其中，R_{cp} 为空穴捕获速率，C_p 为空穴捕获系数，该系数反映了复合中心捕获空穴的能力，与电子捕获系数 C_n 的定义类似，也取决于复合中心对空穴的捕获截面和空穴运

动的速度。

复合中心能级上空穴的发射是空穴捕获的逆过程,可用空穴发射速率代表单位体积、单位时间内复合中心向价带发射的空穴数。只有空的复合中心能级才能向价带发射空穴。所以,空穴发射率和 $N_T - n_T$ 成比例,即

$$R_{ep} = E_p(N_T - n_T) \tag{5-10}$$

其中,R_{ep} 为空穴发射速率,E_p 为空穴发射系数。

与电子发射速率和捕获速率讨论相同,当系统处于热平衡状态时,空穴捕获速率和空穴发射速率应当相等,即

$$R_{cp} = R_{ep} \tag{5-11}$$

$$C_p n_T p_0 = E_p(N_T - n_T) \tag{5-12}$$

式中 p_0 为热平衡状态下价带上的空穴浓度。进一步化简可得

$$E_p = p'C_p \tag{5-13}$$

$$p' = N_V \exp\left[\frac{-(E_T - E_V)}{k_B T}\right] \tag{5-14}$$

其中 p' 等效为当费米能级 E_F 与缺陷能级 E_T 重合时价带中的平衡空穴浓度。

非平衡状态下,复合中心对电子的捕获速率大于电子的发射速率,从而造成电子数目的减少,此时电子的净捕获速率为

$$R_n = R_{cn} - R_{en} = C_n N_T[1 - f_F(E_T)]n - E_n N_T f_F(E_T) \tag{5-15}$$

将 $E_n = n'C_n$ 代入其中可得

$$R_n = C_n N_T\{[1 - f_F(E_T)]n - n'f_F(E_T)\} \tag{5-16}$$

对于非平衡载流子空穴采用同样的讨论方法,此时复合中心对空穴的净捕获速率为

$$R_p = C_p N_T\{f_F(E_T)p - [1 - f_F(E_T)]p'\} \tag{5-17}$$

考虑到体系的电中性条件,单位体积、单位时间内导带减少的电子数应当等于价带减少的空穴数,即导带损失一个电子,同时价带也损失一个空穴,电子和空穴通过复合中心成对地复合。因而,复合中心对电子和空穴的净捕获速率相等,于是有

$$R_n = R_p \tag{5-18}$$

联立式(5-16)和式(5-17)可得

$$f_F(E_T) = \frac{C_n n + C_p p'}{C_n(n + n') + C_p(p + p')} \tag{5-19}$$

式(5-18)可进一步化简为

$$R_n = R_p = \frac{C_n C_p N_T (np - n_i^2)}{C_n(n + n') + C_p(p + p')} \quad (5-20)$$

处于热平衡状态时,电子和空穴的浓度分别为 n_0 和 p_0,由于 $n_i^2 = n_0 p_0$,且载流子的浓度不随时间变化,电子和空穴的净复合速率为零。因此,式(5-20)为非平衡载流子的复合速率。

对于 n 型半导体,在小注入的情况下,即 $n_0 \gg p_0$、$n_0 \gg \delta p$,且 $n_0 \gg n'$、$n_0 \gg p'$,此时非平衡载流子的复合速率为

$$R = C_p N_T \delta p \quad (5-21)$$

根据载流子复合速率的定义 $R = \delta p/\tau$ 可得

$$C_p N_T \delta p = \frac{\delta p}{\tau} \quad (5-22)$$

对比式(5-21)和式(5-22)可得

$$\tau_{p0} = \frac{1}{C_p N_T} \quad (5-23)$$

其中 τ_{p0} 为过剩少子空穴的寿命,与半导体材料中复合中心的浓度和复合中心对空穴的捕获截面有关。从上式也可以看出,缺陷浓度增加,过剩载流子的复合概率也会增加,从而使过剩少子空穴的寿命降低。

同理,对于 p 型半导体材料,在小注入条件下

$$\tau_{n0} = \frac{1}{C_n N_T} \quad (5-24)$$

τ_{n0} 为过剩少子电子的寿命,缺陷浓度增加,过剩少子电子的复合概率也会增加,从而使过剩少子电子的寿命减小。

缺陷的浓度和缺陷对载流子的捕获截面对载流子的寿命具有决定性的作用,因此在半导体器件和半导体材料的组装和设计中需要确定半导体复合中心的位置、浓度及其对载流子的捕获截面,从而更好地优化器件性能。

5.1.2 表面复合

表面复合是指在半导体表面发生的载流子复合过程。实际工作中,器件的少数载流子寿命在很大程度上受半导体样品形状和表面状态的影响。表面上的杂质和表面特有的缺陷会在禁带中形成复合中心能级。因此,表面复合属于间接复合,可以采用间接复合的理论来处理表面复合问题。

考虑表面复合后,实际测得的寿命应是体内复合和表面复合过程的综合结果。假设这两种复合过程是相互独立的,若用 τ_B 表示体内载流子的复合寿命,则 $1/\tau_B$ 表示体内复合概率;相应地,如果 τ_S 为表面载流子复合寿命,则 $1/\tau_S$ 为表面复合概率,那么,载流子的总复合概率应为两者之和,即

$$\frac{1}{\tau} = \frac{1}{\tau_B} + \frac{1}{\tau_S} \tag{5-25}$$

式中 τ 为载流子的有效寿命。

把单位时间内通过单位表面复合掉的电子、空穴对数,称为表面复合率。实验发现,表面复合率 R_S 与表面处非平衡载流子浓度 δp_S 成正比,即

$$R_S = s\delta p_S \tag{5-26}$$

其中 s 为表面复合速度。上式也可以理解为由于表面复合而失去的非平衡载流子数目,就如同表面的非平衡载流子 δp_S 都以 s 大小的垂直速度流出了表面。

表面复合具有重要的实际意义。任何半导体器件总有它的表面,较高的表面复合速度,会使更多的注入载流子在表面复合消失,以致严重地影响器件的性能。因此,在大多数器件制备过程中,总是希望获得良好而稳定的表面,以尽量降低表面复合速度,从而改善器件的性能。

非平衡载流子的寿命,不仅与材料的种类有关,还与半导体的缺陷有关。有些杂质原子的出现,形成有效的复合中心,使寿命大大降低;同时,半导体的表面状态对寿命也有显著的影响。

综上所述,非平衡载流子的寿命与材料的完整性、杂质的含量以及样品的表面状态有极密切的关系,所以,也称载流子寿命 τ 是"结构灵敏"的参数。

5.1.3 陷阱效应

当半导体处于热平衡状态时,无论是施主、受主、复合中心或是任何其他的杂质能级上都具有一定数目的电子,它们由平衡时的费米能级及分布函数所决定。微观上,能级中的电子通过载流子的捕获和产生过程保持着平衡。当半导体处于非平衡状态,即出现非平衡载流子时,这种平衡遭到破坏。此时必然引起杂质能级上电子数目的改变。如果某能级上的电子浓度增加,说明该能级具有收容部分非平衡电子的作用;若能级上的电子浓度减少,则可以认为能级具有收容空穴的作用。从一般意义上讲,杂质能级的这种积累非平衡载流子的作用就称为陷阱效应。由于非平衡状态

下杂质能级上的电子数目会发生改变,因此可以说所有杂质能级都有一定的陷阱效应。在实际器件的设计中,需要考虑那些有显著积累非平衡载流子作用的杂质能级。例如,它所积累的非平衡载流子的数目可以与导带和价带中的非平衡载流子数目相比拟。通常把有显著陷阱效应的杂质能级称为陷阱,而把相应的杂质和缺陷称为陷阱中心。

通常陷阱中心上主要发生某一种载流子的捕获和发射过程,即只发生电子的捕获和发射过程,或空穴的捕获和发射过程,即载流子被捕获后,立即被发射回原能级。通常,一个缺陷是陷阱中心还是复合中心取决于禁带中费米能级的位置、环境温度和杂质能级对载流子的捕获截面。通常情况下,能级在禁带中间的缺陷为复合中心,能级靠近带边的缺陷表现为陷阱中心。

5.1.4 缺陷能级填充的动态描述

伴随着电子和空穴的产生和复合过程,导带中电子的浓度 n、价带中空穴的浓度 p 以及缺陷能级上填充电子的浓度 n_T 都会不断地发生变化。研究缺陷能级的性质需要研究缺陷能级上载流子的浓度与缺陷对载流子的捕获、发射之间的关系。因此,通过研究缺陷能级上载流子浓度的变化情况可以获得缺陷的特征信息。5.1.1 中给出的是稳定情况下缺陷对载流子捕获和发射系数之间的关系。本部分讨论缺陷能级上载流子的数目随时间的变化与缺陷能级特征之间的关系,从而通过测量载流子的电学性质获得缺陷的特征信息。以电子的捕获和发射为例,导带中的电子浓度因缺陷的捕获而减少,因缺陷的发射而增多,因此,由于缺陷对载流子的捕获和发射过程造成的电子浓度变化可表示为

$$\frac{\mathrm{d}n}{\mathrm{d}t} = R_{en} - R_{cn} = E_n n_T - C_n (N_T - n_T) n \quad (5-27)$$

同理,价带中的空穴浓度因缺陷的捕获而减少,因缺陷的发射而增多,因此由于缺陷对载流子的捕获和发射过程造成的空穴浓度变化可表示为

$$\frac{\mathrm{d}p}{\mathrm{d}t} = R_{ep} - R_{cp} = E_p (N_T - n_T) - C_p n_T p \quad (5-28)$$

电子和空穴被捕获和发射的过程中,缺陷能级上电子的数目会发生变化,其变化的多少与导带中电子浓度变化和空穴浓度变化的差值有关,即

$$\frac{\mathrm{d}n_T}{\mathrm{d}t} = \frac{\mathrm{d}p}{\mathrm{d}t} - \frac{\mathrm{d}n}{\mathrm{d}t} = (C_n n + E_p)(N_T - n_T) - (C_p p + E_n) n_T \quad (5-29)$$

其中,第一项表示通过缺陷能级的电子捕获或空穴发射过程使缺陷能级上电子浓度增加的速率,第二项表示通过缺陷能级的电子发射和空穴捕获过程使缺陷能级上电子浓度减小的速率。由于导带中电子的浓度和价带上空穴的浓度是随时间变化的,式(5-29)为非线性偏微分方程,不易获得解析解。通常在以下两种情况下,可以认为载流子的浓度是常数,则可以将式(5-29)简化为线性偏微分方程:① 反向偏置电压下,空间电荷区内电子和空穴的浓度 n 和 p 的数量都很少,可以忽略不计;② 在准中性区,电子和空穴的浓度 n 和 p 可以认为是常数。对于第二种情况,可以通过求解式(5-29),获得缺陷能级上电子的数目随时间的变化关系为

$$n_T(t) = n_T(0)\exp\left(-\frac{t}{\tau}\right) + \frac{(C_n n + E_p)N_T}{C_p p + E_n + C_n n + E_p}\left[1 - \exp\left(-\frac{t}{\tau}\right)\right] \quad (5-30)$$

其中 $n_T(0)$ 为 $t=0$ 时且 $\tau = 1/(C_p p + E_n + C_n n + E_p)$ 时缺陷中心上电子的浓度。当 $t \to \infty$ 时,稳态的电荷浓度为

$$n_T = \frac{(C_n n + E_p)N_T}{C_p p + E_n + C_n n + E_p} \quad (5-31)$$

从式(5-31)可知,稳态的电荷浓度 n_T 是由电子浓度、空穴浓度以及缺陷能级对载流子的发射系数和捕获系数共同决定的。

对于 n 型半导体材料,空穴浓度 p 很小,可以被忽略,因此式(5-30)可以进一步化简为

$$n_T(t) = n_T(0)\exp\left(-\frac{t}{\tau}\right) + \frac{(C_n n + E_p)N_T}{E_n + C_n n + E_p}\left[1 - \exp\left(-\frac{t}{\tau}\right)\right] \quad (5-32)$$

如图 5-3 所示,考虑 n 型半导体材料和金属之间形成的肖特基结。当肖特基结处于零偏时,缺陷能级基本被填充满,此时 $n_T \approx N_T$。当肖特基结受到脉冲电场的作用处于反偏状态时,由于空间电荷区有较强的电场,电子将从缺陷能级上发射出来。假设禁带上半部分的缺陷 $E_n \gg E_p$,则式(5-32)中的 E_p 可忽略。在最初的发射阶段,空间电荷区内缺陷能级上电子的数目随时间的变化关系为

$$n_T(t) = n_T(0)\exp\left(-\frac{t}{\tau_e}\right) \approx N_T\exp\left(-\frac{t}{\tau_e}\right) \quad (5-33)$$

其中 $\tau_e = 1/E_n$。在处于反偏状态的空间电荷区中,稳态时电荷占据缺陷能级的浓度为

$$n_T = \frac{E_p N_T}{E_n + E_p} \quad (5-34)$$

由于 $E_n \gg E_p$,因此稳态时所有的缺陷能级基本上都没有电子填充。当二极管脉冲电压从反向偏置状态转向零偏时,电子流入空间电荷区被缺陷捕获,此时空间电荷区缺陷能级上电子的数目随时间的变化规律为

$$n_T(t) = N_T - [N_T - n_T(0)]\exp\left(-\frac{t}{\tau_c}\right) \quad (5-35)$$

其中 $\tau_c = 1/C_n n$,且 $n_T(0) = E_p N_T/(E_n + E_p)$。以上讨论的空间电荷区缺陷对载流子的捕获和发射是讨论结电容变化以及缺陷性质的基础。

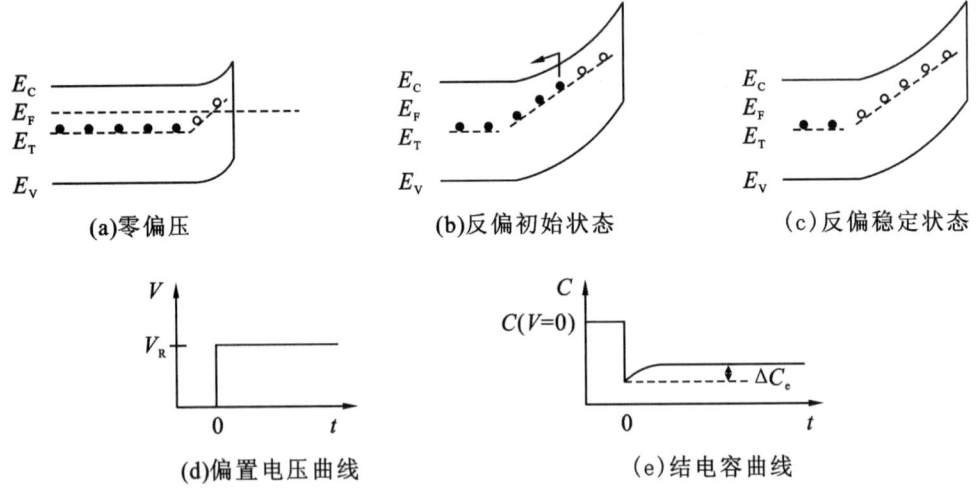

图 5-3 零偏和反偏状态下半导体中缺陷的填充状态及其对结电容的影响示意图

5.2 电容法测量缺陷浓度

当缺陷能级捕获或发射电子、空穴时,任何用于探测电荷的方法都可用于表征缺陷的性质,包括电容法、电荷法以及电流的测量。在使用电容法测量器件性能时,通常采用微分电容的方法,即

$$C = \frac{\delta Q}{\delta V} \quad (5-36)$$

通常采用单边突变结 n^+p 结、p^+n 结或者肖特基结器件来进行半导体内部缺陷态浓度的研究。由第 4 章的讨论可知,此时空间电荷区主要发生在低掺杂半导体一侧,因此可以通过测量电容变化的方式获得半导体材料内部的缺陷信息。

在不考虑缺陷的理想状况下,单边突变结空间电荷区的宽度与材料的掺杂浓度和在器件两端所施加的偏压相关,即

$$W = \sqrt{\frac{2\varepsilon\varepsilon_0(V_{bi}+V_R)}{eN_D}} \qquad (5-37)$$

其中，V_{bi} 为内建电势差，V_R 为反向偏压的大小，N_D 为低掺杂侧的掺杂浓度。反向偏压增大时，空间电荷区的宽度会增加，从而导致空间电荷区内电荷的数量增加，即

$$dQ = eN_D dWA \qquad (5-38)$$

其中 A 表示器件的横截面积。

将空间电荷区的电荷量和空间电荷区宽度随偏压的变化代入结电容公式(5-36)中，可得

$$C = \frac{dQ}{dV} = \frac{eN_D dW}{dV} \qquad (5-39)$$

$$\frac{1}{C^2} = \frac{2(V_{bi}+V_R)}{e\varepsilon\varepsilon_0 A^2 N_D} \qquad (5-40)$$

由此，可以画出 $1/C^2$ 与 V_R 的线性关系，从直线与 x 轴的交点可以获得两种材料接触的内建电势差 V_{bi}。若低掺杂一侧为均匀掺杂的半导体，则从直线的斜率 $(2/e\varepsilon\varepsilon_0 A^2 N_D)$ 可以获得低掺杂半导体一侧的掺杂浓度。若低掺杂一侧半导体的掺杂浓度是随空间位置变化的，则可以通过微分的方法获得不同位置处材料的掺杂浓度，即

$$N_D(x) = -\frac{2}{e\varepsilon\varepsilon_0 A^2}\left[\frac{d(C^{-2})}{dV_R}\right]^{-1} \qquad (5-41)$$

由图 5-3 可知，在单边突变结或肖特基结处于反向偏置时，缺陷能级上也会有电子的得失，对电容也有贡献。一般来讲，将捕获电子时不带电、失去电子时带正电的缺陷称为施主缺陷；将捕获空穴时不带电、不捕获空穴时带负电的缺陷称为受主缺陷。缺陷能级捕获载流子后，其带电状态发生改变，会影响器件的电容。一般而言，当空间电荷区中电离的浅能级施主未被占据，而深能级受主缺陷被电子占据时，它处于负电荷状态，空间电荷区的总电荷为 $N_{scr} = N_D^+ - n_T^-$；当深能级受主缺陷被空穴占据时，它呈电中性，$N_{scr} = N_D^+$。当深能级施主缺陷未被占据时，$N_{scr} = N_D^+ + (N_T - n_T)^+$。由于缺陷对载流子的发射和捕获会引起带电状态的变化，式(5-40)应修正为

$$\frac{1}{C^2} = \frac{2(V_{bi}-V_R)}{e\varepsilon\varepsilon_0 A^2 N_{scr}} \qquad (5-42)$$

以图 5-3 为例，当器件处于反向偏置的瞬间，空间电荷区的宽度增加，电容减小。随着施主缺陷能级不断地发射电子，其将带正电，会引起空间电荷区电荷浓度

N_{scr}逐渐增大,因此空间电荷区的宽度将减小,结电容将增大。肖特基结处于反向偏置瞬间的结电容和稳态情况下结电容的差异ΔC_e反映了半导体材料中缺陷浓度的大小,且结电容的时间依赖特性反映了缺陷能级上电子浓度n_T的时间依赖特性,即缺陷能级对电子的发射特性。由此可知,可以通过测量肖特基结结电容的特性,获得半导体内部缺陷能级的性质。

通常可以采用两种方法测量缺陷能级的特性:① 稳态电容测量,即测量$t=0$和$t=\infty$时肖特基结的稳态电容;② 瞬态电容测量,即测量结电容随时间的变化规律。

5.2.1 稳态电容测量

如上面所分析,结合图5-3可知,当给肖特基结施加反向偏置电压的瞬间,缺陷能级被电子占据。假设此能级为受主缺陷能级,此时该缺陷能级为电负性的。在偏置电场的作用下,电子不断从缺陷能级当中发射,缺陷能级将变为电中性,此时空间电荷区内的电荷浓度$N_{scr}=N_D^+-n_T^-$将逐渐增加,即$1/C^2$逐渐减小。联立式(5-41)和式(5-42)可得

$$N_D^+ - n_T^- = -\frac{2}{e\varepsilon\varepsilon_0 A^2}\left[\frac{d(C^{-2})}{dV_R}\right]^{-1} \quad (5-43)$$

考虑处于初态和末态时肖特基结的电容值,可得

$$\left[\frac{d(C^{-2})}{dV_R}\right]^{-1}(t=\infty) - \left[\frac{d(C^{-2})}{dV_R}\right]^{-1}(t=0) = \frac{e\varepsilon\varepsilon_0 A^2}{2}[n_T(0)-n_T(\infty)]$$

$$(5-44)$$

由于$t=0$时,缺陷中心基本都被电子所占据,因此$n_T(0)\approx N_T$;而$t=\infty$时,由于在反偏电压下缺陷中心上电子的不断发射,此时缺陷中心基本上无电子占据,即$n_T(0)\approx 0$,因此可以通过计算$t=0$和$t=\infty$时的$[d(C^{-2})/dV_R]^{-1}$获得半导体材料中的缺陷浓度,即

$$\left[\frac{d(C^{-2})}{dV_R}\right]^{-1}(t=\infty) - \left[\frac{d(C^{-2})}{dV_R}\right]^{-1}(t=0) = \frac{e\varepsilon\varepsilon_0 A^2}{2}N_T \quad (5-45)$$

5.2.2 瞬态电容测量

如图5-3所示,随着电子从缺陷态上发射出去,空间电荷区的电荷数量增加,电场强度增加,此时空间电荷区的宽度也会发生变化。在瞬态电容的测量中,通过测量

随时间变化的电容 $C(t)$ 来得到随时间变化的空间电荷区的宽度 $W(t)$。由式(5-42)可知

$$C = \sqrt{\frac{e\varepsilon\varepsilon_0 A^2 N_{\text{scr}}}{2(V_{\text{bi}} - V_R)}} = \sqrt{\frac{e\varepsilon\varepsilon_0 A^2 N_D}{2(V_{\text{bi}} - V_R)}} \sqrt{1 - \frac{n_T(t)}{N_D}} = C_0 \sqrt{1 - \frac{n_T(t)}{N_D}} \quad (5-46)$$

其中 C_0 是在反向偏压下没有深能级杂质存在时器件的电容。对于大多数瞬态电容的测量方法,深能级杂质仅仅是空间电荷区杂质中很小的一部分,即 $N_T \ll N_D$。因此 n_T/N_D 是一个小量,将上式进行泰勒展开并保留第一项可得

$$C \approx C_0 \left[1 - \frac{n_T(t)}{2N_D} \right] \quad (5-47)$$

此时,测量电容随时间变化的情况即可以获得缺陷能级上电子填充状态的变化,进而获得缺陷能级对载流子的捕获截面、发射系数等特征信息。

5.2.2.1 反向偏置情况下多子发射对瞬态电容的影响

仍以图 5-3 中金属和 n 型半导体形成的肖特基结为对象,讨论深能级受主缺陷的情况。当肖特基结处于零偏电压时,缺陷中心能级被电子占据。设零偏置时结电容值为 $C(V=0)$。当对肖特基结施加一个反向偏置电压脉冲时,受到空间电荷区强电场的作用,缺陷能级上的电子不断被发射出去。此时,缺陷能级上电子的浓度逐渐减小,联立式(5-33)和式(5-47)可得电容随时间的变化曲线,即

$$C(t) = C_0 \left[1 - \frac{n_T(0)}{2N_D} \exp\left(-\frac{t}{\tau_e}\right) \right] \quad (5-48)$$

即随着电子的不断发射,肖特基结的电容不断增加。其具体物理过程为:在给肖特基结施加反向偏压的瞬间,空间电荷区宽度 W 达到最大值,此时结电容为最小值。随着电子不断从缺陷能级上发射出去,空间电荷区宽度 W 将减小,结电容 C 增加,直到达到稳态。实际情况中,在电子发射之后,空穴也会开始发射,然后再是电子发射,两过程交替进行,这是反向偏置电压下的二极管漏电流的形成机制。本书仅以反向脉冲偏置电压瞬间的电子发射过程来研究缺陷的性质。

对于 n 型半导体材料中的深能级施主缺陷,电容对时间的依赖关系与深能级受主缺陷相似。若在零偏压下深能级施主缺陷被电子占据,此时缺陷呈中性。在对肖特基结施加反向偏压的瞬间,空间电荷区电离施主的浓度为 N_D。随着反向偏置电压下缺陷上电子的发射,深能级施主缺陷带正电,处于稳态时,空间电荷区的电荷浓度

为 $e[N_D+(N_T-n_T)]$，即空间电荷区的电荷浓度和结电容均随着电子的不断发射而变大。无论深能级缺陷是施主缺陷还是受主缺陷，处于反向偏置的情况下结电容都随偏压施加时间的延长而变大。同理，对于 p 型半导体材料，不论深能级缺陷是施主缺陷还是受主缺陷，上述规律也同样成立，即对于多子发射来讲，无论是 n 型材料还是 p 型材料，深能级缺陷是施主还是受主，结电容均随反向偏置施加时间的延长而变大。

综上可知，从图 5-3 中的 C-t 曲线中可得到 τ_e 和 $n_T(0)$。定义图中的 $\Delta C_e = C(t=\infty) - C(t=0)$，将其代入式(5-48)可得

$$\Delta C_e = \frac{n_T(0)}{2N_D} C_0 \tag{5-49}$$

那么电容随时间的变化规律可表述为

$$C(t=\infty) - C(t) = \frac{n_T(0)}{2N_D} C_0 \exp\left(-\frac{t}{\tau_e}\right) \tag{5-50}$$

由此可绘出 $\ln[C(t=\infty)-C(t)]$ 与 t 的关系曲线，其斜率即为 $-1/\tau_e$，截距为 $\ln[n_T(0)C_0/2N_D]$。发射时间常数 τ_e 是缺陷对载流子捕获系数和发射系数的参量。在热平衡状态下，缺陷对电子和空穴的捕获速率和发射速率是相互联系的，即满足 $E_n = n'C_n$ 和 $E_p = p'C_p$ 的关系。假设发射系数和捕获系数在非平衡条件下和平衡条件下相等。如果偏离平衡状态不大，可以认为发射系数和捕获系数与平衡状态时的值偏离不大。但在强电场存在的反向偏置条件下的空间电荷区中，两者区别较大，实践表明，对大多数瞬间电容的测量，该假设仍然成立。

电子从缺陷能级向导带发射时，需要克服 $E_C - E_T$ 的能垒。当对半导体施加电压时，电场使能带发生倾斜，发射能量将减少 δE，此过程为穿过较低势垒的普尔-弗仑克尔(Poole-Frenkel)发射。考虑声子辅助的隧穿效应，电子实际需要更少的能量就可被发射到导带。

当 $E_n = 1/\tau_e$，$C_n = \sigma_n <v_n>$ 时，发射时间常数为

$$\tau_e = \frac{\exp[(E_C-E_T)/k_BT]}{\sigma_n <v_n> N_C} \tag{5-51}$$

对于空穴

$$\tau_e = \frac{\exp[(E_T-E_V)/k_BT]}{\sigma_p <v_p> N_V} \tag{5-52}$$

从上面两个式子可以看出，发射时间 τ_e 与缺陷能级 E_T 的位置和缺陷对载流子的捕获截面有关。

电子的热运动速率为

$$<v_n> = \left(\frac{3k_B T}{m^*}\right)^{1/2} \tag{5-53}$$

导带中有效状态密度为

$$N_C = 2\left(\frac{2\pi m^* k_B T}{h^2}\right)^{3/2} \tag{5-54}$$

将式(5-53)和式(5-54)代入式(5-51)中，则发射时间常数可改写为

$$\tau_e T^2 = \frac{\exp[(E_C - E_T)/k_B T]}{\gamma \sigma_n} \tag{5-55}$$

其中 $\gamma = (<v_n>T^{1/2})/(N_C/T^{3/2})$。绘出 $\ln(\tau_e T^2) - 1/T$ 的曲线，其斜率为 $(E_C - E_T)/k_B$，其截距为 $\ln(1/\gamma\sigma_n)$，从而可求出载流子的捕获截面 σ_n。

5.2.2.2 反向偏置情况下少子发射对瞬态电容的影响

前面部分讨论了给肖特基结施加脉冲电压在零偏到反向偏置电压变化时，电容随多子捕获和发射的变化。在一个 pn 结上施加零偏到反偏的脉冲电压时，可得到相似的结果。对于 pn 结，还可以进行正向偏压的测量。在这种情况下将会有少子注入，此时，需要考虑少子的捕获和发射对电容的影响。

下面以 p⁺n 结为例讨论少子的影响。在正向偏置电压下，空穴被注入 n 型区，此时缺陷能级对空穴的捕获速率大于对空穴的发射速率。稳态情况下，缺陷能级上电子占有率为

$$n_T = \frac{C_n n}{C_n n + C_p p} N_T \tag{5-56}$$

可见，n_T 依赖于两种载流子的捕获系数和载流子浓度。此时，缺陷能级上将会因为空穴的捕获而使电子数目减少。

为了讨论方便，假设 $C_p \gg C_n$，$p \approx n$。当给 pn 结施加正向偏压时，由于空穴的注入，深能级受主缺陷大部分处于空态，此时 $n_T \approx 0$，$N_{scr} = N_D$。当将 pn 结反向偏置时，少子空穴将从缺陷能级上发射出来，缺陷将从电中性的状态变为带负电的状态，此时 $N_{scr} = N_D - n_T^+$，整个空间电荷区电荷的总量减少，空间电荷区宽度 W 增加，结电容 C 减小，如图 5-4 所示，该变化趋势与多子的捕获和发射正好相反。

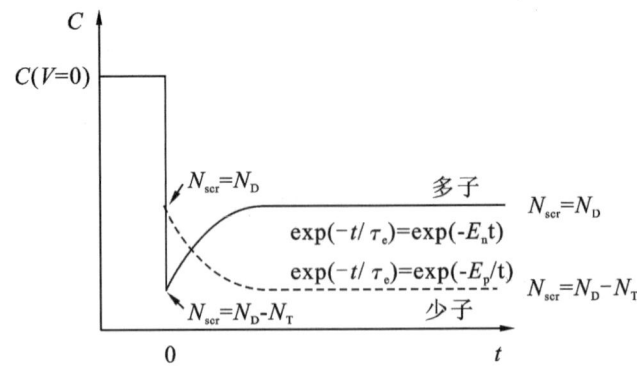

图 5-4 反向偏置状态下多子和少子的发射对结电容的影响

本征费米能级以上的缺陷能级通常为施主缺陷,本征费米能级以下的缺陷能级通常为受主缺陷。对于 n 型半导体,通常用多子捕获和发射来探测施主缺陷的性质,用少子的注入和发射来探测受主缺陷的性质。

5.2.2.3　多子捕获对结电容的影响

对于肖特基结,当器件长时间处于反向偏置的情况下,空间电荷区内所有缺陷中心上的电子在电场的作用下都将被发射出去,此时缺陷处于空态。若将肖特基结调整为零偏状态,电子将迅速进入空间电荷区并被未被电子填充的缺陷捕获。此时电子的捕获速率远大于发射速率,若忽略电子的发射过程,能够捕获多子的缺陷密度可表述为

$$n_T(t) = N_T - [N_T - n_T(0)]\exp\left(\frac{-t_f}{\tau_c}\right) \quad (5-57)$$

其中 t_f 为电子的捕获或"填充"时间。如果时间足够长,即 $t_f \gg \tau_c$ 时,基本上所有的空态缺陷都将捕获到电子,此时 $n_T(t\to\infty) \approx N_T$。如果捕获电子的时间很短,即将肖特基结再次置于反向偏置时,仅有一部分缺陷被电子占据。在时间足够短的情况下,即 $t_f \ll \tau_c$,几乎没有电子被捕获,此时 $n_T(t\to 0) \approx 0$。

当对肖特基结进行了长时间反向偏置、短时间零偏压缺陷填充、再次反向偏置时,第三阶段发射过程的初态电子填充浓度等于第二阶段捕获过程终态时电子的填充浓度。因此,在 $t = 0$ 时,处于反偏下的电容依赖于填充脉冲宽度(电子填充数量),即

$$C = C_0\left[1 - \frac{n_T(0)}{2N_D}\exp\left(-\frac{t}{\tau_e}\right)\right]$$

$$= C_0 \left\{ 1 - \frac{N_T - [N_T - n_T(0)] \exp\left(\dfrac{-t_f}{t_c}\right)}{2N_D} \exp\left(-\frac{t - t_f}{t_e}\right) \right\} \tag{5-58}$$

捕获时间 τ_c 可通过改变填充时间 t_f 来测定。捕获时间通常比发射时间要短得多。利用脉冲过程中电容的变化关系,定义

$$\Delta C_c = C(t_f) - C(\infty) = \frac{N_T - n_T(0)}{2N_D} \exp\left(\frac{-t_f}{\tau_c}\right) \tag{5-59}$$

绘出 $\ln \Delta C_c - t_f$ 曲线,其斜率为 $-1/\tau_c = \sigma_n <v_n> n$,纵坐标截距为 $\ln[N_T - n_T(0)] C_0 / 2N_D$。采用这种测量方法时,缺陷的载流子捕获截面是由捕获过程而不是发射过程决定的。

5.2.2.4 少子捕获对结电容的影响

确定少子的捕获特性有多种方法,一种方法与前一部分的讨论类似,只是 pn 结在填充脉冲阶段处于正向偏置状态。通常通过改变脉冲宽度来确定缺陷对载流子的捕获特性。忽略发射,填充脉冲阶段少子捕获时间常数为

$$\tau_c = \frac{1}{C_n n + C_p p} \tag{5-60}$$

它不仅依赖于电子和空穴的浓度 n 和 p,还依赖于缺陷对电子和空穴的捕获系数 C_n 和 C_p。注入少子浓度随注入强度的变化而变化,这样 C_n 和 C_p 便可以确定下来。填充部分缺陷能级必须使用窄脉冲(纳秒或更低),这是这种测量方法的一个缺点。一个更加根本的限制是 pn 结的开启时间,因为 pn 结并不是在一个电压脉冲施加到其电极上后就立即打开。器件内少子密度的缓慢增加与载流子的寿命有关。对于捕获测量方法必需的窄脉冲的情况,很可能少子密度并没有达到它的稳态值。

另一种测量方法是,缺陷能级不是在恒定的电脉冲强度、变化电脉冲宽度下被少子填充,而是在变化电脉冲强度、恒定电脉冲宽度的情况下被少子占据。首先给 pn 结施加一个长时间(如 1 ms)的电脉冲,然后再施加反向偏置电压。此时,可以观察反向偏压下结电容的瞬态变化。此时少子的浓度与注入电流有关。

此外,还可以通过光照的方法给 pn 结或肖特基结注入少子。处于反向偏置下的 pn 结或肖特基结,当受到光束照射时,在空间电荷区和中性区会产生电子-空穴对。其中,少子会从准中性区扩散到处于反偏的空间电荷区并被缺陷捕获。当去除光照激发后,被捕获的少子将会从缺陷能级上发射出去,因此可以通过测量 $C-t$ 或 $I-t$ 的瞬态变化获得缺陷的相关信息,包括缺陷能级问题、载流子捕获截面 σ_p 和缺陷浓

度 N_T 等。

5.3 深能级瞬态谱(DLTS)

对于样品的瞬态电容曲线,电容变化速率与载流子发射常数有关。样品处于不同的温度,载流子的发射常数也不同,因此可观察到不同的衰减曲线。将一定的时间间隔定义为一个率窗,在同一率窗下重复观察样品在不同温度下的 C-t 曲线,可以发现该率窗下电容的变化值随温度改变会出现一个峰值,这条曲线就是 DLTS 谱线,如图 5-5 所示。可以采用前面瞬态电容的表达式来描述 DLTS 的原理。假设电容遵循的变化规律为

$$C(t) = C_0 \left[1 - \frac{n_T(0)}{2N_D}\exp\left(-\frac{t}{\tau_e}\right)\right]$$

τ_e 与温度的关系为

$$\tau_e = \frac{\exp[(E_C - E_T)/k_B T]}{\gamma \sigma_n T^2}$$

且电子发射的时间常数 τ_e 随着温度的降低而增加。

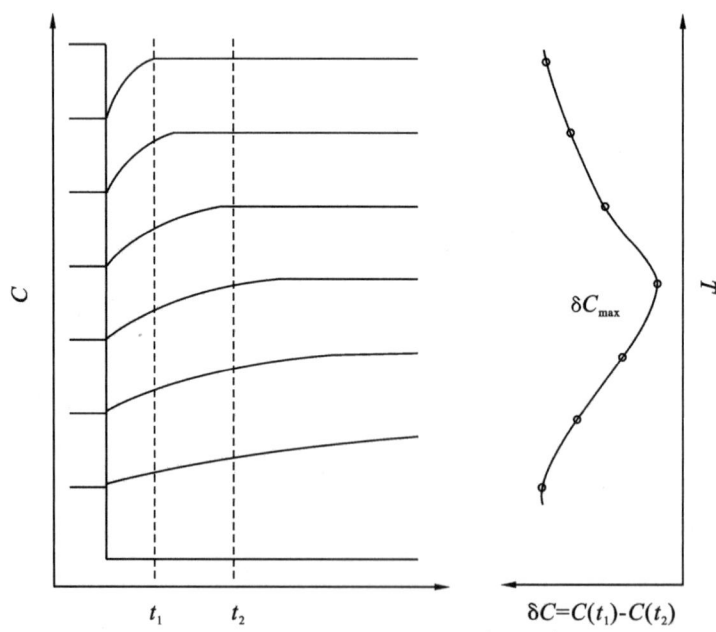

图 5-5 DLTS 处理中的典型曲线

假定在图 5-5 中的 C-t 曲线上 $t=t_1$ 和 $t=t_2$ 时取样,将 t_1 时的电容减去 t_2 时的电容定义为差分电容,即 $\delta C = C(t_1) - C(t_2)$。当电容变化的时间常数(电子发射

系数)和 t_2-t_1 在同一个数量级时,会产生明显的电容差分信号,并且将电容差分作为温度的函数会有最大值,如图 5-5 所示,这就是 DLTS 的峰值。电容差分或者 DLTS 的值为

$$\delta C = C(t_1) - C(t_2) = \frac{C_0 n_T(0)}{2N_D}\left[\exp\left(-\frac{t_2}{\tau_e}\right) - \exp\left(-\frac{t_1}{\tau_e}\right)\right] \qquad (5-61)$$

对上式进行求导,当导数为零时即可找到 δC 的最大值,此时可以计算出

$$\tau_{e,\max} = \frac{t_2 - t_1}{\ln(t_2/t_1)} \qquad (5-62)$$

可见,式(5-62)与电容的大小无关,并且不需要知道信号的基线。给定 t_2 和 t_1,由在不同温度下借助测量得到的一系列 $C-t$ 曲线,可以得到一个与特定温度相对应的 τ_e。画出 $\ln(\tau_e T^2)-1/T$ 曲线,选定另外的 t_2 和 t_1,重复上述测量,得到一系列点,便可组成一条完整的阿伦尼乌斯(Arrhenius)曲线。

5.4 导纳谱测试

测量样品的导纳随频率和温度变化所获得的曲线为导纳谱。该方法可以获得薄膜的厚度、半导体费米能级的位置、缺陷的能级位置以及估算缺陷能级的密度等。与 DLTS、瞬态电容测量方法不同,导纳谱测量中不涉及大量载流子扫除和流入空间电荷区。在导纳谱的测量过程中,通过不断改变样品的温度和交流测试信号的频率,可以获得不同温度下缺陷态对交流信号开始响应的特征频率。当样品温度过低,或交流信号的频率过高时,器件内的载流子无法对施加的偏压产生响应,此时称为冻结条件。这种条件下测量出来的电容为器件的几何电容,只与上下电极的面积和器件的厚度有关。提高样品的温度或者降低交流激励的频率将会从电容信号中观察到一个从几何电容向结电容转变的台阶。

当温度进一步升高或频率进一步降低时,缺陷能级上的电子开始对交流激励产生响应,对应的频率为临界频率,此时 $E_n = \omega$,其中

$$E_n = \frac{1}{\tau_e} = \gamma \sigma_n T^2 \exp\left(\frac{E_T - E_C}{k_B T}\right) \qquad (5-63)$$

$E_C - E_T$ 为缺陷能级的激活能。此时定义一个转变能级 E_e,由上面的临界频率可得

$$\omega = \gamma \sigma_n T^2 \exp\left(\frac{E_T - E_C}{k_B T}\right) \qquad (5-64)$$

由此推出

$$E_e = k_B T \ln\left(\frac{\gamma \sigma_n T^2}{\omega}\right) \qquad (5-65)$$

即在某一频率 ω 下,激活能能量小于 E_e 的缺陷态上的电子都会由于交流信号的激发产生电子发射。由于缺陷上电子的释放将引起空间电荷区内电荷浓度的变化,从而使结电容进一步增大。因此在 C-f 曲线上将出现一个新的平台,如图 5-6(a) 所示。

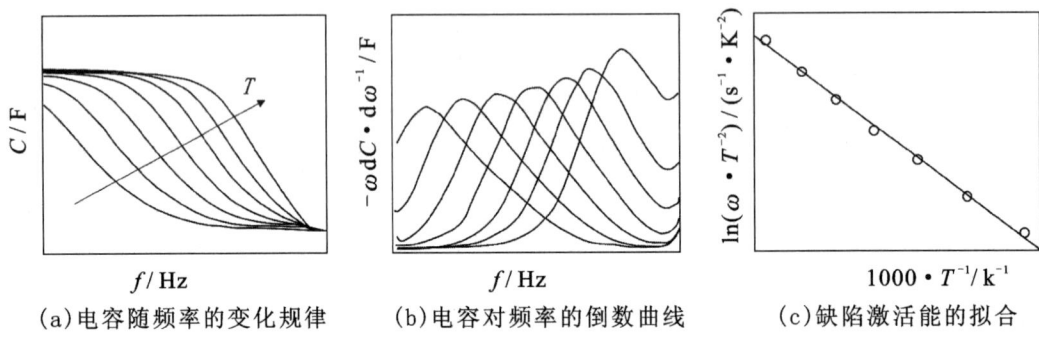

图 5-6 导纳谱测量缺陷浓度的典型结果

通常利用

$$\frac{dC}{dE_e} = -\frac{\omega}{k_B T} \frac{dC}{d\omega} \qquad (5-66)$$

求得电容对频率倒数的最大值,此处的 ω 对应着缺陷电子开始对交流信号的响应频率,如图 5-6(b) 所示。因此,从图中获取不同温度下的转变频率和温度的数值 (ω, T),并将 $\ln(\omega/T^2)$ 和 $1000/T$ 进行作图,如图 5-6(c) 所示。从式 (5-64) 可知,直线的斜率即为缺陷的激活能,直线的截距即为缺陷的载流子捕获截面。

利用测量得到捕获截面 σ_{na},再借助 $\omega \frac{dC}{d\omega}$ 与 ω 的关系即可计算 $N_T(E_e)$ 与 E_e 的关系,即

$$N_T(E_e) \approx -\frac{V_{bi}^2}{W[eV_{bi} - (E_F - E_e)]} \frac{\omega}{k_B T} \frac{dC}{d\omega} \qquad (5-67)$$

其中 E_F 为材料的费米能级。通过此方式,可以计算缺陷能级的分布及其浓度、表观捕获截面等信息。

5.5 空间电荷限制电流法

如图 5-7 所示,在单电子器件中,仅有一种载流子可以通过电极注入半导体材

料中。如果半导体材料中存在缺陷,缺陷因捕获载流子而带电,从而影响载流子在半导体材料内部的输运过程,使单电子器件 $I-V$ 曲线的斜率大于 1。通常将 $I-V$ 斜率开始偏离 1 时的电压称为缺陷填充临界电压,并有

$$V_{\mathrm{TFL}}=\frac{en_{\mathrm{trap}}L^2}{2\varepsilon_0\varepsilon_{\mathrm{r}}} \tag{5-68}$$

其中,n_{trap} 为缺陷态密度,L 为样品厚度,ε_{r} 为材料的相对介电常数,V_{TFL} 为临界电压。

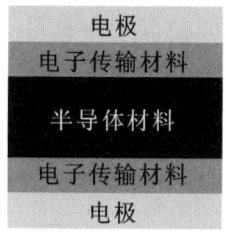

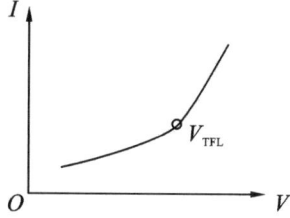

图 5-7　单电子器件结构及其 $I-V$ 曲线示意图

通过改变接触材料的功函数,可以分别制作单电子器件和单空穴器件,也可分别测量材料内部的电子缺陷和空穴缺陷。但应注意,这种方法只可以获得材料内部缺陷的总数目,无法获得缺陷的空间分布和能量分布。

参考资料

[1] 刘恩科,朱秉升,罗晋生. 半导体物理学[M]. 7 版. 北京:电子工业出版社,2017.

[2] 谢希德,方俊鑫. 固体物理学:上册[M]. 上海:上海科学技术出版社,1961.

[3] 黄昆,谢希德. 半导体物理学[M]. 北京:科学出版社,1958.

第 6 章 载流子迁移率的测量

迁移率是衡量半导体导电性能的重要参数,它决定半导体材料的电导率,影响器件的工作速度和载流子收集效率,是影响半导体器件光电性能的关键因素。一方面,在电场较低时载流子速度与迁移率成正比,高迁移率材料中的载流子能以较短的时间通过器件,具有较高的频率响应;另一方面,器件的电流大小与迁移率有关,材料具有高迁移率时,器件电流大。通常可采用霍尔效应、时间飞行法、空间电荷限制电流法等方式测量材料的迁移率。

6.1 霍尔效应测量载流子迁移率

霍尔效应是一种电流磁效应,是 1879 年霍尔(Edwin Hall)24 岁时在美国霍普金斯大学研究生期间,研究载流导体在磁场中的受力性质时发现的一种现象。这一现象首先在金属中发现,后来又发现半导体的霍尔效应比金属大几个数量级。其基本原理如图 6-1 所示,在长方体薄板上通过电流(y 方向),沿电

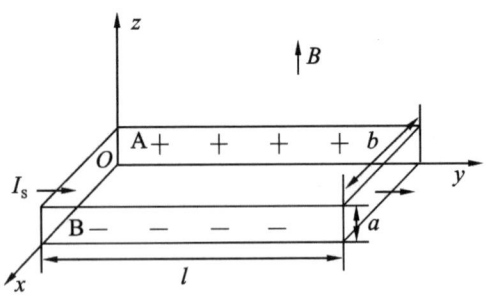

图 6-1 n 型半导体中霍尔效应示意图

流的垂直方向施加磁场(z 方向),电子由于在运动中受到洛伦兹力而发生偏转,会在与电流和磁场两者垂直的方向上产生电势差,这种现象称为霍尔效应,所产生的电势差称为霍尔电压。

现就 n 型半导体产生的霍尔效应进行分析。如果将一块通电的 n 型半导体材料置于沿 z 方向的磁场当中,电流方向向右,此时电子的运动方向向左,如图 6-1 所示。由于洛伦兹力的作用,电子将向下偏转,聚集在半导体材料的 B 表面,从而在半导体

中产生一个由 A 表面指向 B 表面(沿 x 轴方向)的电场。电场对电子的作用力和磁场对电子的作用力方向相反。随着电荷的不断积累,沿 x 方向的电场强度将不断增大,直到电场对电子的作用力 F_E 和磁场对电子的作用力 F_B 相等时,半导体中的电子运动不再发生偏转,此时在半导体的 A 表面和 B 表面之间产生了一个恒定的电压 V_H,此电压为霍尔电压。达到稳定状态时,电子受到的电场力和磁场力分别为

$$F_B = evB \tag{6-1}$$

$$F_E = e\frac{V_H}{b} \tag{6-2}$$

联立式(6-1)和式(6-2)可得

$$V_H = vBb = \frac{I_S B}{nea} \tag{6-3}$$

$$R_H = \frac{1}{ne} = \frac{V_H a}{I_S B} \tag{6-4}$$

其中 R_H 为霍尔系数,其数值大小与载流子浓度成反比。根据半导体材料的电导率 σ 与载流子浓度 n 和载流子迁移率 μ 的关系有

$$\sigma = ne\mu \tag{6-5}$$

通过测量半导体材料的电导率,从而可以获得载流子的迁移率为

$$\mu = \frac{\sigma}{ne} = \sigma R_H = \frac{R_H}{\rho} \tag{6-6}$$

其中 ρ 为半导体材料的电阻率。由式(6-6)可知,通过测量半导体材料的霍尔系数 R_H 和电阻率 ρ 即可获得半导体材料的载流子迁移率 μ。

以上以 n 型半导体为例,对载流子迁移率的测试进行了分析。对于 p 型材料,沿用上述分析方法可以得到相同的结论。但需要注意的是,在电流方向相同的情况下,p 型材料所产生的霍尔电压的方向和 n 型材料所产生的霍尔电压的方向相反,即半导体材料中由于磁场所附加的电场沿 $-x$ 方向。根据该特性,可以依据霍尔电压的正负判断半导体中载流子的类型。

当半导体中电子和空穴的浓度相当时,电子和空穴都对霍尔系数有贡献,此时的霍尔系数为

$$R_H = \frac{(p - b^2 n) + (\mu_n B)^2 (p - n)}{e[(p + bn)^2 + (\mu_n B)^2 (p - n)^2]} \tag{6-7}$$

其中 b 为电子迁移率 μ_n 和空穴迁移率 μ_p 的比值。磁场强度 B 变化时,霍尔系数 R_H

也会相应地发生变化。对于弱磁场的情况,即 $B\to 0$ 时,霍尔系数为

$$R_H = \frac{p - b^2 n}{e(p + bn)^2} \tag{6-8}$$

对于强磁场的情况,即 $B\to \infty$ 时,霍尔系数为

$$R_H = \frac{1}{e(p - n)} \tag{6-9}$$

以弱磁场的情况为例,对于 n 型半导体,假如空穴和电子载流子浓度不断变化,R_H 就变得小于只有电子时所预计的数值。对于 p 型材料,随着电子和空穴的比值逐渐增加,当 $p = b^2 n$ 时,R_H 将为零;对于 $b^2 n > p$ 时,R_H 将从正值变为负值。从上面的分析可以看出,如果电子和空穴的浓度相当,仅测量 R_H 无法获得材料的有效信息。通常通过研究材料的性质随温度的变化获得有效的信息。如果是本征半导体材料,R_H 将随着温度的增加而减小。此时由于 $n = p = n_i$,霍尔系数化简为

$$R_H = \frac{1 - b}{en_i(1 + b)} \tag{6-10}$$

随着温度的升高,本征载流子的浓度增加,因此 R_H 将逐渐减小。如果是非本征材料,则 R_H 与温度无关。

更精细的理论表明,对于 n 型材料和 p 型材料,有

$$R_H = \frac{r_n}{ne} = \frac{r_p}{ne} \tag{6-11}$$

其中 r_n 和 r_p 与材料对载流子的散射有关,通常取值在 0.5 到 1.5 之间。

在实际的测量当中,可采用如图 6-2 所示的电极接法测试样品的迁移率。图 6-2(a)中的接法为桥式接法,电流从 1 电极流入,2 电极流出。在磁场的作用下测量电极 3 和电极 4(或电极 5 和电极 6)之间的电压,即为霍尔电压。无磁场时,测量电极 3 和电极 5(或电极 4 和电极 6)之间的电压,则可以计算样品的电阻率。利用这两个测试结果,应用以上的式(6-3)和式(6-5),即可计算材料的载流子迁移率。

对于不规则形状的样品,则采用如图 6-2(b)所示的接法。不规则形状样品的霍尔测量理论建立在范德堡提出的保角映射理论上。如果接触点在样品的四周,且足够小,样品厚度均匀且是连续的,那么任意形状的平板样品的电阻率、载流子浓度和迁移率都可以用此方法来测定。

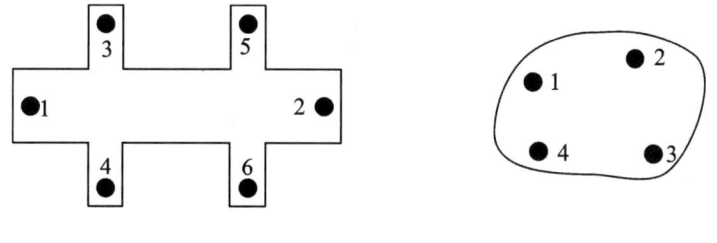

(a) 桥式霍尔样品　　　　(b) 片式范德堡霍尔样品

图 6-2　霍尔效应测试样品连接方法

对于范德堡霍尔样品，其电阻率可由以下公式求出：

$$\rho = \frac{\pi t}{\ln 2} \frac{R_{12,34} + R_{23,41}}{2} F \quad (6-12)$$

其中，当电极 1 和电极 2 之间通电流时，测量电极 3 和电极 4 之间的电压 V_{34}，此时 $R_{12,34} = V_{34}/I$。依此类推，$R_{23,41}$ 为当电极 2 和电极 3 之间通电流 I 时，测量电极 4 和电极 1 之间的电压 V_{41}，此时 $R_{23,41} = V_{41}/I$。F 是 $R_r = R_{12,34}/R_{23,41}$ 的函数，即

$$\frac{R_r - 1}{R_r + 1} = \frac{F}{\ln 2} \mathrm{arcosh} \left[\frac{\exp(\ln 2/F)}{2} \right] \quad (6-13)$$

此值查表可得。对于圆形和正方形这些规则形状的样品，$F = 1$。

范德堡霍尔迁移率可通过测量有磁场和无磁场时的 $R_{24,13}$ 来确定，其计算方法为

$$\mu_H = \frac{d \Delta R_{24,13}}{B \rho} \quad (6-14)$$

其中 $\Delta R_{24,13}$ 为施加磁场前后 $R_{24,13}$ 的变化值。

6.2　飞行时间漂移迁移率

用飞行时间法测量少子迁移率的方法也称海恩斯-肖克莱实验法。该方法利用研究非平衡少数载流子在空间的扩散和漂移作用对载流子分布和空间电流的影响，从而获得少数载流子的迁移率。其讨论的基础为 3.6 中的载流子连续性方程。

当一束脉冲激光照射在 n 型半导体的表面时，半导体内部将会产生过剩载流子。由于载流子浓度在空间分布上的差异，将诱发扩散运动，同时载流子在扩散的过程中还存在着电子和空穴间的复合，此过程可采用载流子输运的连续性方程进行求解，从而获得载流子在空间分布随时间的变化为

$$\delta p(x,t) = \frac{e^{-t/\tau_{p0}}}{\sqrt{4\pi D_p t}} \exp\left[\frac{-x^2}{4 D_p t} \right] \quad (6-15)$$

其中，D_p 为空穴扩散系数，τ_{p0} 为载流子寿命。如图 6-3(a)所示，载流子将逐渐由产生点向两边扩散，形成一个对称的分布，该图形的面积即为光生载流子的数目。同时，由于载流子间的复合造成电子和空穴浓度的降低，该对称分布图形的面积也会逐渐变小。

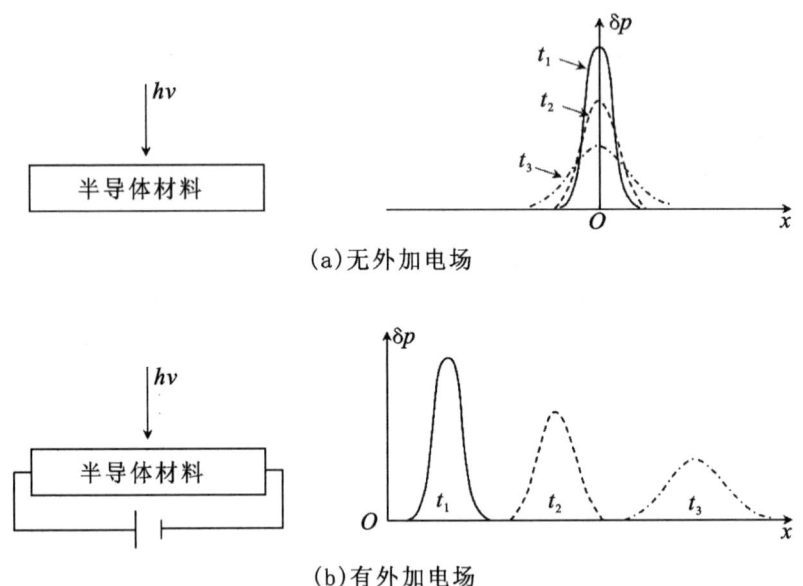

图 6-3　光照激发下 n 型半导体材料内空穴浓度的空间分布随时间的变化规律

如果在半导体两侧施加一个电压，光激发的载流子除了有扩散运动外，还会在电场的作用下产生定向漂移运动，此时载流子浓度随时间和空间的变化可表述为

$$\delta p = \frac{e^{-t/\tau_{p0}}}{\sqrt{4\pi D_p t}} \exp\left[-\frac{(x-\mu_p E t)^2}{4D_p t}\right] \qquad (6-16)$$

与式(6-15)相比，在第二个 e 指数函数处，x 变成了 $x-\mu_p E t$。这意味着所描述的载流子分布图像[图 6-3(b)]相对于无外加电场时[图 6-3(a)]将以速度 $\mu_p E$ 向电场的方向逐渐移动，即载流子分布最高点随着时间会不断向右移动，且移动的距离为 $\mu_p E t$。如果半导体材料的长度 d 一定，光激发脉冲停止后，电路中电流达到最大时的时间，即波峰移动到电极处所需的时间，即为空穴在外加电场中迁移长度 d 所需的时间。根据上面的分析可知

$$d = \mu_p E t \qquad (6-17)$$

$$\mu_p = \frac{d}{Et} = \frac{d^2}{Vt} \qquad (6-18)$$

其中 V 为半导体两侧所施加电压。通常情况下,先测量不同偏压下载流子通过材料所需的时间,再通过线性拟合的方式可获得材料的迁移率。

6.3 空间电荷限制电流法

对于半导体材料,总是假设在半导体内部保持电中性,即在没有陷阱的情形下有 $\Delta n = \Delta p$。因为,有任何原因使 Δn 偏离 Δp,将会形成空间电荷,而空间电荷所形成的电场必迫使载流子流动,直至重新使 $\Delta n = \Delta p$,这时空间电荷消失。空间电荷的这种弛豫在一定时间内完成,该过程与材料的电阻率相关。在电阻率低的半导体中,这种弛豫所需时间极短,一般情况下无须考虑;在电阻率高的半导体材料中,空间电荷弛豫的时间较长,在分析讨论时则需要加以考虑。

可以由泊松方程和连续性方程求得弛豫时间。设过剩电子和过剩空穴的分布分别为 $\Delta n(x,t)$ 和 $\Delta p(x,t)$,则空间电荷密度 $\rho(x,t)$ 可表示为

$$\rho = e(\Delta p - \Delta n) \tag{6-19}$$

其所产生的电场 E 为

$$\nabla \cdot E = \frac{\rho}{\varepsilon \varepsilon_0} \tag{6-20}$$

电场所产生的电流又通过连续性方程引起电荷密度的变化

$$\frac{d\rho}{dt} = -\nabla \cdot J \tag{6-21}$$

假设讨论的半导体为 n 型半导体,过剩载流子对电流的贡献较小,则上式的电流由半导体材料自身的载流子所贡献,即

$$J = n_0 e v_d (\nabla \cdot E) \tag{6-22}$$

于是可得

$$\nabla \cdot J = n_0 e \frac{dv_d}{dE} \nabla \cdot E \tag{6-23}$$

将低电场条件下 $dv_d/dE = \mu$ 和式(6-23)代入式(6-21)可得

$$\frac{d\rho}{dt} = \frac{n_0 e \mu}{\varepsilon \varepsilon_0} \rho \tag{6-24}$$

令 $\tau_d = \varepsilon \varepsilon_0 / n_0 e \mu$,则

$$\rho = \rho_0 \exp\left(-\frac{t}{\tau_d}\right) \tag{6-25}$$

其中，τ_d 为介电弛豫时间，ρ_0 为 $t=0$ 时刻的空间电荷分布。式(6-25)描述了空间电荷的消散过程。若空间电荷由多子的集聚造成，则式(6-25)描述的是多子电荷的消散；若空间电荷由少子的过剩造成，则式(6-25)反映的是多子向过剩少子处的集聚。若 $\varepsilon=15$，$\sigma=0.1\ \Omega^{-1}\cdot cm^{-1}$，则通过计算可得 τ_d 约为 10^{-11} s，和载流子的寿命 τ 相当。当 $\tau_d\ll\tau$ 时，无须考虑电中性建立的过程。由于可以有反型多子在电性上的补偿，局部少子的数量可以有很大的增加而不至于破坏电中性。相比之下，金属中，由于只有一种载流子，载流子的过剩将因自身的排斥电场而消散。金属由于电导率大，其电荷消散的弛豫时间 τ_d 要比半导体中的短得多。

在电阻很高的半导体，如半绝缘的 GaAs 等以及非晶态半导体中，τ_d 可以很长。例如，当电阻率为 $10\ \Omega\cdot cm$ 时，τ_d 可达 10 s，比过剩载流子的寿命长得多。如用电学方法向其中注入任何一种载流子，在远小于 τ_d 的时间内，将因不会有另一载流子来得及前来补偿使空间保持电中性。另外，若用任何方法向其中注入少子，则少子和多子会通过复合建立新的平衡，可使多子数量急剧下降。可见 τ_d 是半导体的一个重要的特性参量。

对于高阻半导体，其介电弛豫时间较长。此时，向高阻的半导体薄片注入任一种载流子，设为电子，且注入的载流子在数量上远超过本征载流子，并在外加电压下形成稳定的分布和电流。只要该半导体的介电弛豫时间 τ_d 远大于注入载流子渡越样品的时间，将不会有另一种载流子在数量上足以对其进行电性上的补偿。因此，这些注入载流子在样品中的分布必定会对其中的电场分布产生影响，如图6-4所示。由阴极到阳极，电场必定逐渐增强；由于电流连续的要求，注入载流子的浓度则逐渐减小，电流可表示为

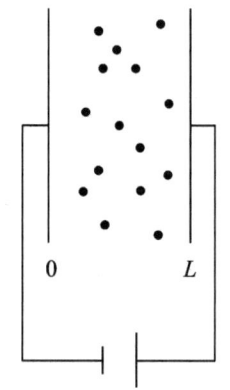

图6-4 电荷注入形成的空间电荷

$$j=n(x)e\mu E(x) \quad (6-26)$$

电场的空间变化可描述为

$$\frac{dE}{dx}=-\frac{en}{\varepsilon\varepsilon_0} \quad (6-27)$$

由以上两式可得关于电场的方程

$$\frac{dE^2}{dx} = -\frac{2j}{\mu\varepsilon\varepsilon_0} \tag{6-28}$$

对上式进行积分,可得

$$E^2 = \frac{2jx}{\mu\varepsilon\varepsilon_0} \tag{6-29}$$

由电场和电压之间的关系可知

$$V = \int_0^L E(x)dx = \int_0^L \left(\frac{2j}{\mu\varepsilon\varepsilon_0}\right)^{1/2} x^{1/2} dx = \frac{2}{3}\left(\frac{2j}{\mu\varepsilon\varepsilon_0}\right)^{1/2} L^{3/2} \tag{6-30}$$

于是得到

$$j = \frac{9}{8}\mu\varepsilon\varepsilon_0 \frac{V^2}{L^3} \tag{6-31}$$

这就是空间电荷限制电流的基本电流-电压关系,可见电流随电压的平方变化。对于一些高电阻材料,可以通过测量其电流电压的关系,借助拟合的方法获得材料的迁移率。

参考资料

[1] 刘恩科,朱秉升,罗晋生. 半导体物理学[M]. 7版. 北京:电子工业出版社,2017.

[2] 谢希德,方俊鑫. 固体物理学:下册[M]. 上海:上海科学技术出版社,1962.

[3] 黄昆,谢希德. 半导体物理学[M]. 北京:科学出版社,1958.

[4] 施罗德. 半导体材料与器件表征技术[M]. 大连理工大学半导体研究室,译. 大连:大连理工大学出版社,2008.

第7章 载流子动力学

半导体光电材料中载流子的产生、输运、复合等过程直接影响半导体光电器件的功能和性能。这些过程耦合在一起,共同影响半导体器件的响应特性。对这些特性的调控和控制是制作和发展高性能以及具有特殊功能半导体光电器件的关键环节。半导体载流子动力学主要研究半导体材料受激发后,过剩载流子浓度随时间的变化关系,即获得载流子的寿命信息,为进一步探究过剩载流子的扩散、漂移行为,设计和发展半导体光电器件,提供重要的理论指导和必要的参数。

通常采用脉冲激光器作为激发源,测试材料的特性随时间的变化规律,从而得到其寿命,主要方式有:① 采用皮秒激光器激发样品,并测试荧光信号随时间的变化规律,获得载流子的荧光寿命;② 采用飞秒激光器激发样品,同时测试吸收随时间的变化,得到其激发态的寿命及能级之间的转移速率;③ 光电导衰减法,测试样品的电导率在光激发后随时间的变化,获得载流子的寿命信息;④ 采用纳秒激光器激发样品,测试光电压随时间的变化关系,得到器件工作状态下的载流子寿命。这些参数可直接反映半导体材料的质量、半导体器件中载流子的微观状态,对这些特性的分析可进一步加深对材料和器件工作过程的认识,为材料优化和器件优化提供指导。

7.1 影响过剩载流子寿命的过程

如第3章和第5章中所讲,过剩载流子可以通过由导带到价带的直接复合及缺陷的间接复合使半导体材料从非平衡态回归到平衡态。如图7-1所示,过剩载流子可以通过辐射复合和非辐射复合的方式进行复合,包括带间直接复合和通过缺陷能级的间接复合。考虑复合过程中是否伴随光发射过程可将复合过程分为辐射复合和非辐射复合。当受到持续的激发时,载流子的产生和复合过程将形成一个稳态,半导体的导带和价带上将积累一定浓度的电子和空穴。当撤除激发源后,复合过程占优,过剩载流子的复合速率取决于这些复合过程进行的快慢。因此,可以通过测量过剩载流子引起的半导体性质,如荧光、吸收、电导率随时间的变化规律,研究各种复合过程的速率和特征时间常数。对于半导体光电器件的应用来讲,通过带间缺陷和半导体表面的非辐射复合将会造成载流子的损失,因此在材料和器件的优化过程当中需要通过减少缺陷产生、表面钝化的方式减少两种复合通道。

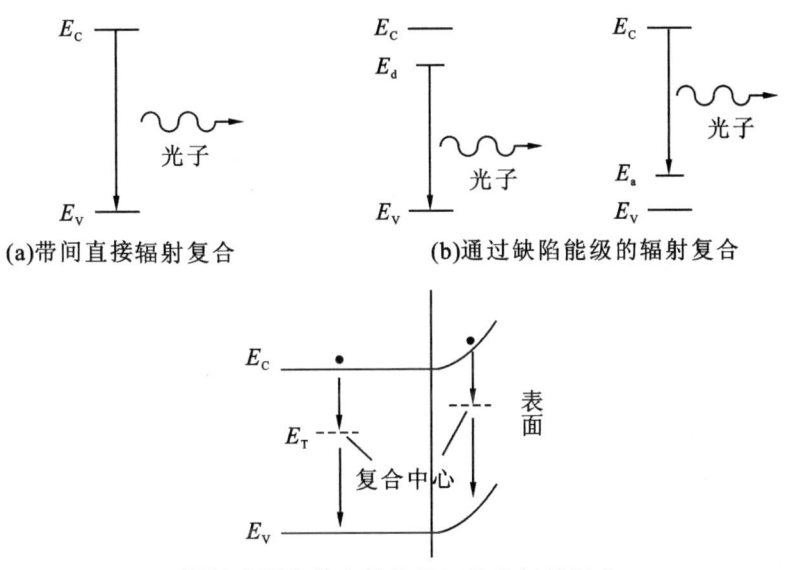

图 7-1 过剩载流子的复合途径示意图

7.2 时间分辨光致发光光谱

按照价带顶和导带底的晶体动量是否相同,可以将半导体材料分为直接带隙半导体材料和间接带隙半导体材料,如图 7-2 所示。当光子能量 $h\nu$ 大于半导体带隙

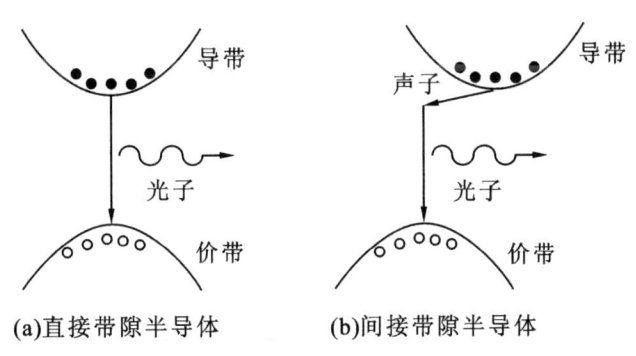

图 7-2 直接带隙半导体和间接带隙半导体的能带结构示意图

E_g 时,半导体中价带上的电子会被激发到导带上,从而形成非平衡载流子。根据守恒定律,光子吸收及跃迁的过程需要满足动量守恒定律和能量守恒定律。由于光子的动量很小,接近于零,因此要求激发前后电子的准动量基本不变。从能带结构的角度考虑,直接带隙半导体更易满足动量守恒定律和能量守恒定律,因此通常有较强的光吸收系数和辐射复合效率。而对于间接带隙半导体,光吸收过程需要借助声子的动量辅助来满足动量守恒定律,因此通常有较弱的光吸收系数和辐射复合效率。

如图 7-3 所示,光吸收后半导体材料处于非平衡状态,处于激发态的电子和空穴可经过以下三个过程恢复到基态:①为光发射过程,是与吸收过程相反的一个过程,同时需要满足动量守恒和能量守恒定律。因此,直接带隙半导体材料的发光概率大于间接带隙半导体。通常采用直接带隙半导体制作发光器件。②和③为非辐射跃迁过程,包括由材料自身缺陷引起的非辐射跃迁过程以及器件界面上的电荷转移过程,前者造成载流子的复合损失,而后者将有利于半导体光电器件光生载流子的收集。

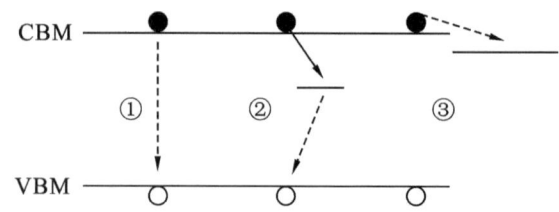

图 7-3 半导体处于激发状态下的退激发过程

假设材料受激发后,$t=0$ 时刻,过剩载流子的浓度为 $n(0)$;停止激发后过剩载流子的浓度由于复合过程而迅速减小,此时也伴随着发光、体相非辐射跃迁(表面非辐射复合)和界面载流子抽取的过程。假设,此三个过程发生的速率分别为 k_1、k_2、k_3,那么过剩载流子的浓度随时间的变化关系为

$$-\frac{\mathrm{d}n}{\mathrm{d}t} = k_1 n + k_2 n + k_3 n \tag{7-1}$$

即载流子浓度减少的速率与各个复合过程消耗的载流子速率之和相同。经过进一步的数学分析可得

$$\ln n = -(k_1 + k_2 + k_3)t + C \tag{7-2}$$

$$n(t) = n(0)\mathrm{e}^{-(k_1 + k_2 + k_3)t} \tag{7-3}$$

由于材料的发光强度与载流子的浓度成正比,因此可以通过监测激发停止后半导体材料的发光强度随时间的变化去探测载流子的复合过程。当三个过程发生的速率相

差较大时,即 k_1、k_2、k_3 相差较大时,可在瞬态荧光光谱上观察到多个退激发的过程,从而确定相关过程的速率常数。

研究中通常采用参数载流子寿命 $\tau = 1/k$ 去描述载流子复合的过程。在实际半导体材料中,三种过程在整个复合过程中消耗掉载流子数目所占的比例也不尽相同,考虑到此因素,荧光衰减应当遵循的规律为

$$I(t) = A_1 e^{-t/\tau_1} + A_2 e^{-t/\tau_2} + A_3 e^{-t/\tau_3} \tag{7-4}$$

通过对瞬态荧光光谱的拟合,可获得相关的比例参数和时间参数,从而有效地解析出材料内部的复合过程,以研究和分析材料的品质、器件的性能。一般来讲,材料的质量越高、缺陷越少其寿命越长;反之则寿命越短。同理,材料的界面抽取速率越高,其荧光寿命越短。因此,在瞬态荧光寿命的分析过程中,需要结合材料和器件所处的状态进行合理的解析,以正确地获取相关研究对象的信息。

对于瞬态荧光光谱通常采用皮秒激光器激发样品,因此可以探测亚纳秒及以上时间尺度上的载流子复合过程。瞬态光谱的获取通常采用时间相关单光子计数(TCSPC)方法。TCSPC 的工作原理是通过测量激光脉冲激发样品和发射光子到达探测器之间的时间差。TCSPC 需要一个确定的"启动"(由控制激光脉冲或光电二极管的电子器件提供)和一个确定的"停止"(由单光子敏感的探测器检测实现)信号。这个改变探测时间与激光时间间隔的光强测量重复多次,以获得荧光发射的统计性质。最终,将检测到的发光强度 I 按照到达检测器的时间 t 进行直方图分类,从而获得如图 7-4 所示的光致发光衰减曲线。

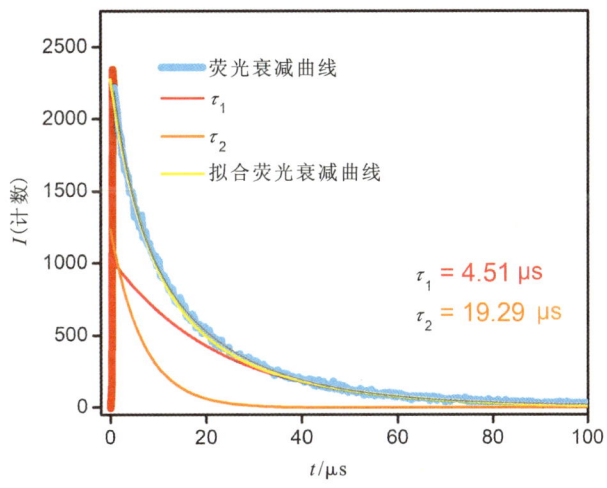

图 7-4 实验中典型瞬态荧光曲线及其拟合

图 7-4 为实验中获得的典型的半导体材料瞬态荧光曲线,该曲线一般用如下双指数方程进行拟合:

$$I(t) = A_1 e^{-t/\tau_1} + A_2 e^{-t/\tau_2} \tag{7-5}$$

其中,τ_1 和 τ_2 分别代表快衰减时间常数和慢衰减时间常数,A_1、A_2 代表快衰减组分和慢衰减组分的振幅。一般快衰减时间常数和慢衰减时间常数分别对应于电子、空穴的辐射复合和缺陷诱导的非辐射复合两个过程;两个过程所占的比重可通过各指数轨迹的积分来进行评估,其积分等于振幅 A 和衰减时间 t 的乘积。

7.3 瞬态吸收光谱

超快时间分辨瞬态吸收光谱是一种常见的超快激光泵浦探测技术,是一种研究物质激发态能级结构及激发态能量弛豫过程的工具。通过表征材料受激发后的光子吸收特性的变化可研究其内部的载流子弛豫过程。其原理是载流子的占据状态会对光的吸收产生影响,因此瞬态吸收是记录物质分子激发态各个能级上的粒子数分布随时间变化的动态图像,可以把物质分子从高能级激发态辐射能量弛豫到低能级基态过程中的全部能级的衰减情况都展现出来,并且还可以通过分析物质的瞬态吸收光谱得到物质激发态能级之间的跃迁情况,如能量转移、电子转移等物理与化学过程。目前,瞬态吸收光谱可以探测出皮秒到纳秒量级的光诱导的化学和物理过程,是研究半导体材料内部光生载流子动力学特性的有力工具。

测量瞬态吸收光谱时,首先使用飞秒激光器激发样品,使样品处于激发状态;再采用一束与激发光有一定延时的白光照射样品,探测处于激发态的样品光吸收性质的变化。每改变一次探测光相对于泵浦光的延迟时间,样品有无泵浦光作用的光吸收强度均会被探测器记录下来,两者取差值即可得到吸光度变化量 $\Delta A(\lambda)$ 的光谱,即 $\Delta A(\lambda)$ 是有泵浦光作用时探测光照射到待测样品上所测量到的吸收光谱 $A(\lambda)$ 与没有泵浦光作用时探测光照射到待测样品上所测量到的吸收光谱 $A_0(\lambda)$ 的差值。调节探测光相对于泵浦光的延迟时间,把每个延迟时间下的 $\Delta A(\lambda)$ 都记录下来,得到随波长 λ、延迟时间 t 变化的三维数据 $\Delta A(\lambda,t)$,如图 7-5 所示。从三维数据中既能读取在某一时刻吸光度的变化量随波长的变化关系,即 $\Delta A(\lambda)$;也能够反映在某一特定波长下吸光度变化量随延迟时间的变化过程,即 $\Delta A_\lambda(t)$,从而读取该波长下激发态粒子数目随时间的变化过程。

第 7 章　载流子动力学

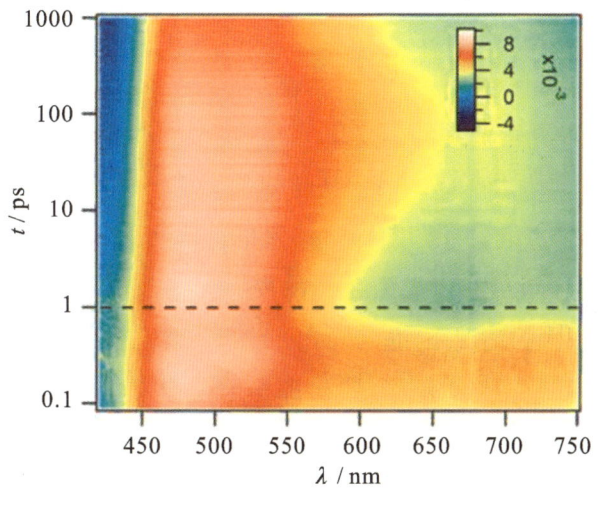

图 7-5　典型瞬态吸收光谱

瞬态吸收光谱可用于揭示基态漂白(GSB)、激发态吸收(ESA)、受激辐射(SE)等物理过程(如图7-6所示),光谱信号对应的物理化学变化过程为:

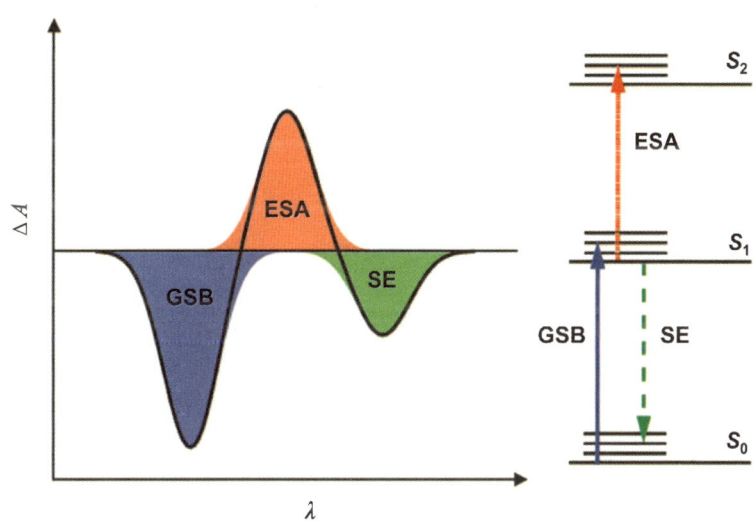

图 7-6　瞬态吸收光谱中所揭示的信息及其物理过程示意图

(1)基态漂白信号:样品吸收泵浦光后跃迁至激发态,使得处于基态的粒子数目减少。处于激发态样品的基态吸收比没有被激发样品的基态吸收少,因此在瞬态吸收光谱上会出现一个负的 ΔA 信号,基态漂白光谱形状与稳态吸收光谱类似,但是有可能随时间发生光谱的蓝移或红移。

(2)激发态吸收信号:样品吸收泵浦光后跃迁到激发态,处于激发态的粒子能够吸收一些原本基态不能吸收的光而跃迁至更高的激发态,使得探测器探测到一个正

的 ΔA 信号。

(3) 受激辐射信号:激发态的样品处于非稳定状态,由于受激辐射或自发辐射过程回到基态。在这个过程中,样品会产生荧光,导致进入探测器的光强增加,产生一个负的 ΔA 信号。由于瞬态吸收光谱中样品的基态漂白峰的光谱范围与稳态吸收光谱范围一致,而受激辐射或自发辐射部分的光谱范围与荧光光谱范围一致。在斯托克位移很小的情况下,基态漂白光谱与受激辐射光谱波段在同一光谱范围,较难区分。在斯托克位移很大的情况下,基态漂白光谱与受激辐射光谱的范围相差较大。

除以上过程外,还包括热载流子信号,即当用大于带隙能量的光激发样品时,载流子和晶格不再保持热平衡。这些热载流子与晶格热碰撞发射声子,最终冷却下来,弛豫到带边。

瞬态吸收一般采用飞秒激光器作为激发光,采用延迟线进行时间的调控,通常可以测量发生在亚皮秒到纳秒时间尺度上载流子的动力学过程。在研究中,可以通过观察瞬态吸收光谱上的峰位去探究材料内部可能发生的过程,构建载流子动力学的模型;同时,通过该峰位随时间的变化规律研究当中的载流子动力学过程,包括载流子的复合、载流子的转移等过程。激发态在各个能级上所停留的时间,也可以用 e 指数的关系进行拟合分析。

与荧光测试不同的是,瞬态吸收测试也可测试不发光状态的弛豫过程,能够更全面地解析出受激发后整个体系中物理、化学的变化过程,是一种更具有普适性的测试方法。

7.4 光电导衰减法

受到光激发后,若样品中没有明显的陷阱效应,那么非平衡电子和空穴的浓度相等,且它们的寿命相同。假设载流子在半导体内部均匀产生,且忽略载流子的表面复合,那么光激发的非平衡载流子在样品内可看作是均匀分布的,如果 $t=0$ 时光停止照射,则非平衡的电子和空穴将通过不断复合而逐渐减少。对于 n 型半导体样品中的任何一点,非平衡少数载流子通过体内复合中心消失的复合率与非平衡载流子的浓度成正比,即

$$\frac{\mathrm{d}\delta p(t)}{\mathrm{d}t} = \beta_0 \delta p \qquad (7-6)$$

在小注入条件下,β_0 为一个常数。因此,非平衡载流子的浓度随时间的变化可以改写为

$$\delta p(t) = \delta p(0)\exp(-\beta_0 t) \qquad (7-7)$$

非平衡载流子的平均寿命为

$$\tau_p = \frac{\int_0^\infty t \mathrm{d}\delta p(t)}{\int_0^\infty \mathrm{d}\delta p(t)} = \frac{1}{\beta_0} \quad (7-8)$$

于是式(7-7)可以进一步化简为

$$\delta p(t) = \delta p(0) \exp\left(-\frac{t}{\tau_p}\right) \quad (7-9)$$

式中 τ_p 为非平衡载流子的平均寿命,通常也称为非平衡载流子的寿命。

光电导衰减法测量少子寿命装置示意图如图7-7所示,在光注入时,样品由于光激发产生非平衡载流子,使电路中电流增加。此时,电阻两端的分压增大,而半导体两端的分压减小。小注入条件下,样品两端电压的减少量可表示为

$$\Delta V = -IR_0^2 \Delta\sigma \quad (7-10)$$

其中,R_0 为暗态下半导体的电阻,$\Delta\sigma$ 为光照引起的样品电导率的变化。过剩载流子所产生的附加光电导为

$$\Delta\sigma(t) = (\mu_n + \mu_p)\delta p(0)\exp\left(-\frac{t}{\tau_p}\right) \quad (7-11)$$

结合式(7-10)和式(7-11)可知,小注入条件下,半导体两端的电压随时间的变化规律与过剩载流子浓度随时间的变化规律一致,即

$$\Delta V(t) = \Delta V(0)\exp\left(-\frac{t}{\tau_p}\right) \quad (7-12)$$

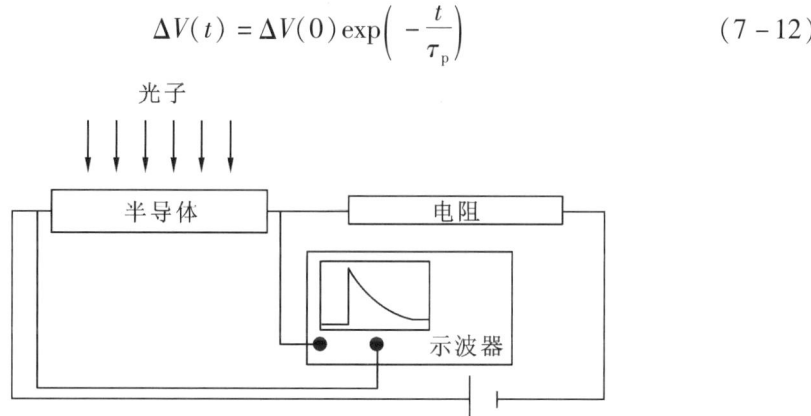

图7-7 光电导衰减法测量半导体少子寿命装置示意图

因此,可以通过测量脉冲激光激发后半导体两侧电压随时间的变化曲线,如图7-7示波器中图像所示,进一步通过指数拟合获得载流子的寿命。在实际的样品中,半导体表面缺陷造成的载流子复合将引起附加的载流子复合通道和附加的载流子扩散,此时测得的载流子的寿命包含了体内少子复合过程和表面载流子复合过程的影

响,通常称为有效载流子寿命 τ_{eff}。

7.5 瞬态光电压谱

对于二极管器件,在光照下其开路电压与光生载流子的浓度有关,为

$$eV_{\text{oc}} = E_{\text{Fn}} - E_{\text{Fp}} = E_{\text{g}} - k_{\text{B}}T\ln\frac{N_{\text{C}}N_{\text{V}}}{np} \tag{7-13}$$

其中 n 和 p 为光照下电池器件中电子和空穴的浓度。从中可以看出,开路状态下二极管器件两端的电压与载流子浓度成正比,即载流子浓度越大,开路电压越高。由于开路状态下二极管器件中所有的过剩载流子通过内部的复合机制而消失,因此,在稳态下,开路状态下载流子的寿命越长,器件中积累的载流子的数目越多,器件的开路电压也就越高。如图 7-8 中瞬态光电压谱测试示意图所示,此时,若采用脉冲激光照射样品,器件内部会产生更多的电子和空穴,从而会使开路电压升高。脉冲停止后,由于载流子的复合,开路电压将会回归到稳态时的数值。由此可知,脉冲激光的激发会在稳态二极管器件上产生一个脉冲电压信号,且该脉冲电压信号随时间的变化趋势与脉冲激光激发产生载流子的复合过程相关。在小注入条件下,即脉冲电压 $\Delta V_{\text{oc}} \ll V_{\text{oc}}$ 时(ΔV_{oc} 小于 $0.05 V_{\text{oc}}$),脉冲电压衰减与载流子浓度的变化关系为

$$\frac{\text{d}\Delta V_{\text{oc}}}{\text{d}t} \propto \frac{\text{d}\Delta n}{\text{d}t} = -\frac{\Delta n}{\tau_{\Delta n}} \tag{7-14}$$

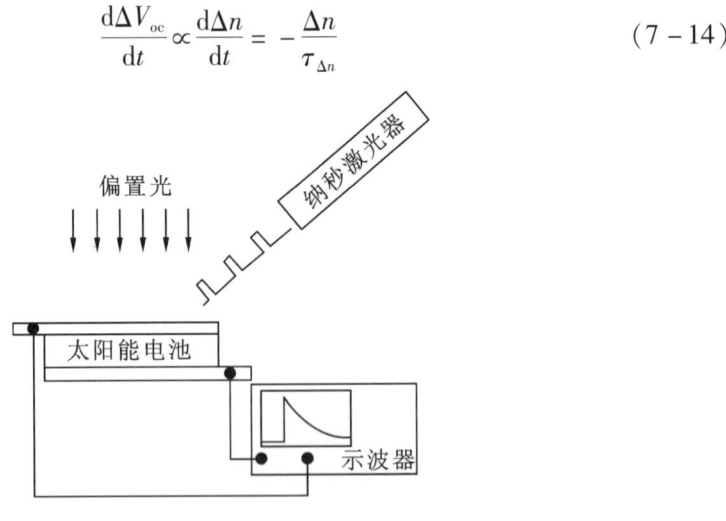

图 7-8 瞬态光电压谱装置示意图和典型测试曲线

脉冲电压与载流子浓度有相似的变化规律,可采用 e 指数的函数关系拟合开路电压脉冲随时间的变化关系,从而得到该状态下载流子的寿命,即

$$\Delta V_{\text{oc}}(t) = \Delta V_{\text{oc}}(0)\exp\left(-\frac{t}{\tau_{\Delta n}}\right) \tag{7-15}$$

其中 $\tau_{\Delta n}$ 即为载流子在该工作状态下的寿命。随着偏置光的强度不同,即在不同的开路电压下,$\tau_{\Delta n}$ 的数值也会发生变化。因此,在讨论问题时,需要控制和记录在特定开路电压下载流子的寿命。

参考资料

[1] 刘恩科,朱秉升,罗晋生.半导体物理学[M].7版.北京:电子工业出版社,2017.

[2] 谢希德,方俊鑫.固体物理学:下册[M].上海:上海科学技术出版社,1962.

[3] 黄昆,谢希德.半导体物理学[M].北京:科学出版社,1958.

第 8 章 太阳能电池的基本原理及表征

太阳能电池是一种将光能转化成电能的器件,是发展清洁和可再生能源的重要技术之一。太阳能电池的工作过程涉及光的吸收以及载流子的产生、分离、输运与收集等一系列过程,这些过程分别对应于材料的光学特性、载流子动力学和输运特性、器件接触特性等。设计高性能太阳能电池器件需要综合考虑以上各个因素,以获得最大的光能到电能的能量转换效率。对于大多数无机半导体材料而言,光的吸收和载流子的产生是两个同步的过程,可将两个过程等效对待。对于太阳能电池中的活性层而言,其在太阳能电池器件中对光吸收越多越好,该特性可以通过分析器件各层中的光学吸收来评估。其次,是载流子的有效分离,需将光生电子和空穴进行空间上的分离来降低载流子复合的概率,从而提高光生载流子的利用率。进一步,还需要降低接触电阻,降低材料在传输过程中的能量损耗。这些光电转换的过程可以采用量子效率测量的方法,来评价器件的光子利用效率;也可以采用测量器件曲线的方法,测量器件综合的能量转换效率。下面对评价太阳能电池工作过程中光吸收和载流子输运收集过程的原理和方法做详细的阐述。

8.1 半导体材料及器件的光学性能

光与物质相互作用时,将会发生反射、吸收、散射等一系列过程,如图 8-1(a)所示。这些过程不仅与材料的光学常数有关(n,k),还与材料的表面结构、形貌等因素直接相关。另外,实际的工作器件多由多层膜组成,如图 8-1(b)所示,功能层之间的界面和层内的反射和吸收特性也将影响太阳能电池活性层的光吸收特性,因此需综合分析各层的厚度和光学常数(n,k)对活性层光吸收的影响。从上面的分析可以看出,材料的光学常数(n,k)是决定器件光学吸收和载流子产生的决定性因素,需要精心地设计。实验上可以采用椭偏仪确定材料的光学常数,结合数值计算的方法来获得器件的整体反射率和各功能层的光吸收等重要信息。

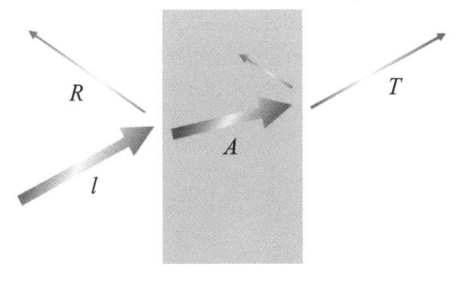 

(a)光的反射、吸收和透射过程　　　　(b)薄膜太阳能电池结构

图 8-1　光与物质的相互作用和薄膜太阳能电池结构示意图

8.1.1　椭偏仪工作原理及材料光学常数的测量

光波是一种电磁波,即空间中变化的电场和磁场相互激发向远处传播的波。通过求解空间中的麦克斯韦方程组可以获得电磁波在空间的运动特征。材料的光学性质是设计太阳能电池器件的起点,需要根据材料的光学性质来设计器件结构,如器件类型、功能层厚度、减反层设计等。材料的复折射率 $N = n + ik$,决定材料的光吸收特性和界面反射特性,是开发太阳能电池器件首先需要确定的参数之一。利用电磁波在界面上的特性,可采用椭偏仪测量材料的 n、k 值,该数据比采用吸收谱和反射谱获得的数据更具有普遍的意义,是材料的本征特性。

椭偏仪工作原理如图 8-2 所示,根据光波的偏振状态与入射面的关系,可将光波分为 s 波和 p 波。其中,s 波的偏振方向与入射面垂直,p 波的偏振方向与入射面平行。根据菲涅尔公式可知,两种偏振状态的光波在材料表面发生反射时所遵循的规

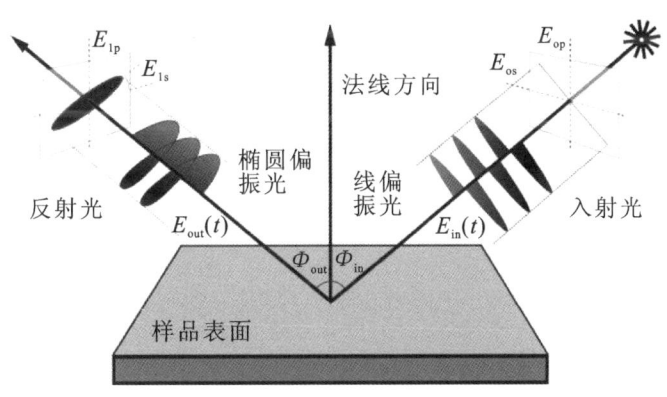

图 8-2　椭偏仪工作原理示意图

律不同,即反射光的偏振状态也将发生变化。若入射光中 s 波和 p 波的振幅比为 1,则将反射波中 s 波与 p 波的振幅比定义为

$$\rho = \frac{r_s}{r_p} = \tan\psi e^{i\Delta} \quad (8-1)$$

式中,r_s 和 r_p 分别为 s 波和 p 波的反射系数,$\tan\psi$ 为两者的振幅比,Δ 为两者的相位差。

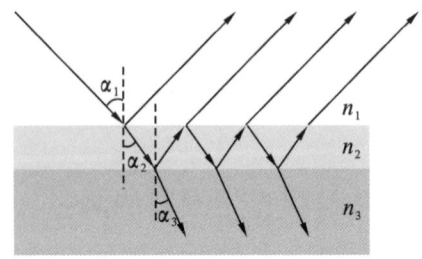

图 8-3　薄膜反射光性质示意图

如图 8-3 所示的不吸收光的多层膜,在薄膜与空气的界面和薄膜与衬底的界面分别应用菲涅尔公式可得

$$r_{1p} = \frac{n_2\cos\alpha_1 - n_1\cos\alpha_2}{n_2\cos\alpha_1 + n_1\cos\alpha_2} \quad (8-2)$$

$$r_{1s} = \frac{n_1\cos\alpha_1 - n_2\cos\alpha_2}{n_1\cos\alpha_1 + n_2\cos\alpha_2} \quad (8-3)$$

$$r_{2p} = \frac{n_3\cos\alpha_2 - n_2\cos\alpha_3}{n_3\cos\alpha_2 + n_2\cos\alpha_3} \quad (8-4)$$

$$r_{2s} = \frac{n_2\cos\alpha_2 - n_3\cos\alpha_3}{n_2\cos\alpha_2 + n_3\cos\alpha_3} \quad (8-5)$$

式中 r_{1p}、r_{1s}、r_{2p}、r_{2s} 分别表示 s 波和 p 波在上下界面的反射系数。考虑到光在薄膜内部的多次反射,最终的反射系数可以写为

$$r_p = \frac{r_{1p} + r_{2p}e^{-i\delta}}{1 + r_{1p}r_{2p}e^{-i\delta}} \quad (8-6)$$

$$r_s = \frac{r_{1s} + r_{2s}e^{-i\delta}}{1 + r_{1s}r_{2s}e^{-i\delta}} \quad (8-7)$$

式中 $\delta = (4\pi/\lambda)n_2 d\cos\alpha_2$,为相邻两束反射光的相位差,其中 d 为膜厚。结合式(8-1)、式(8-6)和式(8-7)可知,椭偏仪的测试结果包含了材料厚度的信息和材料折射率的信息,可以通过数值拟合的方式获得材料的折射率。当材料为吸光材料时,即 k 不为零时,将上面式(8-2)至式(8-5)中的折射率 n 换成复折射率 $N = n + ik$ 公式

仍然成立,此时可以采取数值计算的方法获得光学常数 n、k。除此之外,如果已知材料和衬底的复折射率,也可采用椭偏仪的结果计算薄膜的厚度。

8.1.2 减反射膜

根据上面由菲涅尔公式所得的反射系数 r_p 和 r_s 可知,可通过调控太阳能电池中多层膜材料的光学常数和厚度调节反射系数和反射光的强度。若要达到大范围内较低的光学反射率,则需要借助电脑的计算获得最佳的匹配效果。下面以吸收系数 k 为零、正入射的情况为例,此时

$$r_{1p} = \frac{n_2 - n_1}{n_2 + n_1} \tag{8-8}$$

$$r_{1s} = \frac{n_1 - n_2}{n_1 + n_2} \tag{8-9}$$

$$r_{2p} = \frac{n_3 - n_2}{n_3 + n_2} \tag{8-10}$$

$$r_{2s} = \frac{n_2 - n_3}{n_2 + n_3} \tag{8-11}$$

正入射时,无法区分 s 波与 p 波,两者的反射系数之和为 0,根据上面总的反射系数可得

$$r_p = \frac{r_{1p} + r_{2p} e^{-i\delta}}{1 + r_{1p} r_{2p} e^{-i\delta}} = \frac{\dfrac{n_2 - n_1}{n_2 + n_1} + \dfrac{n_3 - n_2}{n_3 + n_2} e^{-i\delta}}{1 + \dfrac{n_2 - n_1}{n_2 + n_1} \dfrac{n_3 - n_2}{n_3 + n_2} e^{-i\delta}} \tag{8-12}$$

$$r_s = \frac{r_{1s} + r_{2s} e^{-i\delta}}{1 + r_{1s} r_{2s} e^{-i\delta}} = \frac{\dfrac{n_1 - n_2}{n_1 + n_2} + \dfrac{n_2 - n_3}{n_2 + n_3} e^{-i\delta}}{1 + \dfrac{n_1 - n_2}{n_1 + n_2} \dfrac{n_2 - n_3}{n_2 + n_3} e^{-i\delta}} \tag{8-13}$$

由此可知,总的反射系数 $r_p = r_s$。因此可以其中一个参数进行反射率的计算,即

$$R = |r_p|^2$$

$$= \frac{r_{1p}^2 + r_{2p}^2 + 2r_{1p}r_{2p}\cos\delta}{1 + (r_{1p}r_{2p})^2 + 2r_{1p}r_{2p}\cos\delta} = \frac{(r_{1p} - r_{2p})^2 + 2r_{1p}r_{2p}\sin^2\dfrac{\delta}{2}}{1 + (r_{1p}r_{2p})^2 + 2r_{1p}r_{2p}\cos\delta} \tag{8-14}$$

由上式可知,当 $r_{1p} - r_{2p} = 0$、$\delta/2 = n\pi$ 时,反射率为零,即满足以下条件

$$\frac{n_2 - n_1}{n_2 + n_1} = \frac{n_3 - n_2}{n_3 + n_2} \tag{8-15}$$

$$(4\pi/\lambda)n_2 d = n\pi \tag{8-16}$$

进一步运算可得

$$n_2^2 = n_3 n_1 \tag{8-17}$$

$$n_2 d = \frac{\lambda}{4} \tag{8-18}$$

即当减反射膜的折射率等于空气和沉底折射率乘积的平方根,且光子在减反射膜中的光程为 $\lambda/4$ 时,可以获得最低的反射率。

对于多层膜的光吸收,也可以采用类似的分析方法,分析在多层膜界面上光子的反射系数和膜内光子的吸收,即可得到光子在整个膜内的分布。

8.1.3 陷光结构

对于吸收系数较低、表面反射率较高的材料可以采用增加光程、将光束局域的方法增加器件对光的吸收和利用,降低光的反射率和透射率。通常,采用微米尺度的三维结构,可以有效地增加光的散射,增加光程,如晶体硅太阳能电池中引入的金字塔结构就起到了非常优异的减反射效果。引入金属颗粒,可以使光局域在空间的特定位置,增加光的吸收,可有效提高薄膜太阳能电池的光吸收。光吸收增强的效果可以通过测量器件的反射谱、漫反射谱、透射谱和漫透射谱进行分析,从而获得三维结构的引入对器件光学特性的影响。

8.2 太阳能电池工作机制及等效电路

在吸收光子之后,太阳能电池中产生的光生载流子将在其内部驱动力电场的作用下产生分离并被收集。不同类型的电池,其内建电场的大小和分布范围有明显的差异,如 pn 结器件内建电场只存在 pn 结结区,p-i-n 型电池的电场在整个本征层内部。材料内部的光生载流子在复合之前能够被有效地分离是产生有效电流的前提,这需要载流子具有较高的迁移率或扩散系数,能够快速地运动。同时,也需要载流子有较长的寿命,从而有更大的概率被收集。在表征当中通常会测量载流子扩散长度 $L_D = \sqrt{\frac{k_B T}{e}\mu\tau}$,该参数表示在复合之前光生载流子所能扩散的距离。通常高性能器件的载流子扩散长度 L_D 应远大于器件的厚度。

建立太阳能电池的工作模型,还需要考虑太阳能电池工作中的几个重要过程:

(1) 当光生载流子被有效收集后,在太阳能电池的正极和负极区将会有电子和空穴的积累。若此时将太阳能电池的正极和负极短路,则外电路中将会有电流流过。若不考虑其他因素的影响,此时的太阳能电池相当于一个电流源。

(2)载流子在太阳能电池正极和负极区域的积累将使整个器件处于非平衡状态(体系两端的准费米能级分开)。如果太阳能电池处于开路状态,此时太阳能电池内部负极的电子将向正极扩散,正极的空穴将向负极扩散,太阳能电池相当于处于正向偏置状态(相当于一个 pn 结处于正向偏压的条件下),这时电流的大小与正极和负极所积累的电子和空穴的浓度相关(准费米能级分开的程度)。考虑到这个因素,太阳能电池的模型当中需要增加一个二极管,其与电流源并联,电流方向与外电路电流方向相反。

(3)在太阳能电池器件当中还可能存在漏电的现象,即器件内部的短路。光生载流子通过短路通道形成回路,无法对外界做功,此为太阳能电池当中的损耗项。考虑到这个因素,太阳能电池模型当中需要再并联一个电阻,其大小直接决定光生载流子的损耗,即分流,该分流越小越好,即并联电阻越大越好。

(4)由于接触电阻、材料自身电阻的影响,太阳能电池向外供电时所能提供的电压将会有所降低,这相当于在太阳能电池中引入了欧姆损耗,降低了太阳能电池对外做功的能力。考虑到这个因素,太阳能电池模型当中需要再串联一个电阻,其大小决定了太阳能电池的欧姆损耗,因此串联电阻越小越好。

综合以上因素,太阳能电池的等效模型(等效电路图)可以汇总为如图 8-4 所示的形式,运用基尔霍夫定律可得

$$I_{ph} = I_D + I_{sh} + I_{pv} \tag{8-19}$$

其中,I_{ph} 为光生电流,I_D、I_{sh} 分别为太阳能电池内部载流子的反向扩散电流和由器件缺陷造成的短路电路,I_{pv} 为向外输出的电流。

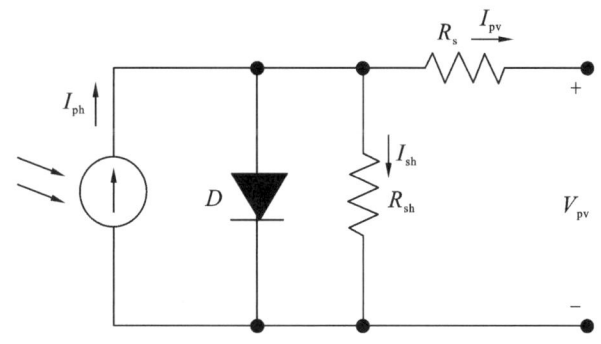

图 8-4 太阳能电池等效电路图

对电路进行进一步分析可得,二极管和并联电阻两端的电压相等,为

$$V = V_{pv} + I_{pv}R_s \qquad (8-20)$$

其中，V_{pv} 为太阳能电池向外输出的电压。从上式可以看出，其输出的电压相较于器件内部的电压要小 $I_{pv}R_s$。二极管和并联电阻的分流电流 I_D、I_{sh} 为

$$I_D = I_0 \left[\exp\left(\frac{V_{pv} + I_{pv}R_s}{nk_BT}\right) - 1 \right] \qquad (8-21)$$

$$I_{sh} = \frac{V_{pv} + I_{pv}R_s}{R_{sh}} \qquad (8-22)$$

其中，二极管分流电流直接运用了二极管电压电流方程，其中 k_B 为玻尔兹曼常量，T 为热力学温度，n 为二极管的品质因子①，R_{sh} 为器件的并联电阻。综合以上因素，可以得到太阳能电池的电压-电流方程

$$\begin{aligned}I_{pv} &= I_{ph} - I_D - I_{sh} \\ &= I_{ph} - I_0 \left[\exp\left(\frac{V_{pv} + I_{pv}R_s}{nk_BT}\right) - 1 \right] - \frac{V_{pv} + I_{pv}R_s}{R_{sh}} \end{aligned} \qquad (8-23)$$

此方程可用于拟合太阳能电池的 $I-V$ 曲线，获得相关参数。

基于模型分析可知，太阳能电池的并联电阻描述了光生载流子在器件中的短路损耗，其数值与器件内部电压有关。因此，随着电压的增加，并联电阻的分流变大，呈现出如图8-5(a)所示的电流逐渐下降的关系。串联电阻描述的是器件上的欧姆损耗，其分压随着电流的增加而增加，如图8-5(b)所示。与理想的 $I-V$ 曲线相比，存在串联电阻时相当于理想的 $I-V$ 曲线除了开路电压处的每一点外向左平移了 $I_{pv}R_s$。

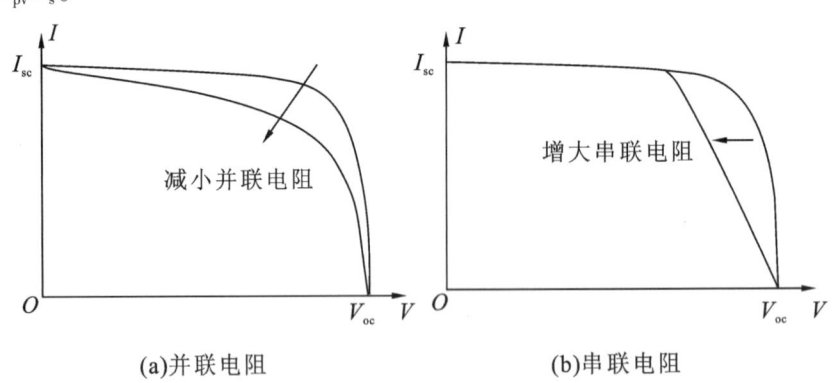

图 8-5 太阳能电池器件并联电阻和串联电阻对器件性能的影响

---

① 在1到2之间，接近1表示二极管扩散电流占主导，接近2表示二极管中复合电流占主导。此电流为二极管中的电流，其方向和外电流方向相反。

8.3 太阳能电池能量转换效率

能量转换效率 η 是评估太阳能电池性能最重要的指标,其表示太阳能电池在工作过程中将光能转换成电能的效率。实验室中评估太阳能电池的转换效率常采用太阳光模拟器模拟太阳光的照射,采用数字源表采集电压－电流信号后计算太阳能电池的能量转换效率。

图 8-6 为太阳能电池器件典型的 $I-V$ 曲线,三角形的曲线为功率密度曲线,其上每一点的数值等于相应电压下电流密度与电压的乘积,表示太阳能电池可对外输出的功率密度。该曲线的最高点对应最大功率点 P_{max}（MPP）,该点所对应的电压和电流密度为最大功率点电压 V_{max} 和最大功率点电流密度 J_{max}。

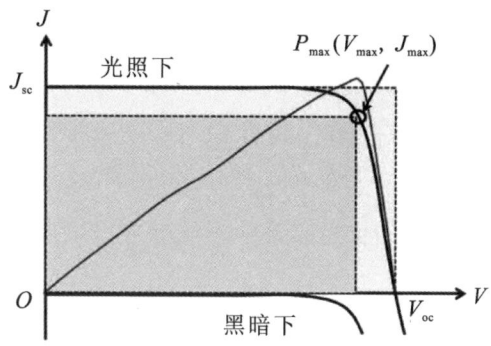

图 8-6 典型太阳能电池 $I-V$ 曲线

P_{max} 与输入光功率密度 P_{in} 之间的比值为太阳能的能量转换效率

$$\eta = \frac{P_{max}}{P_{in}} = \frac{J_{max} \times P_{max}}{P_{in}} = \frac{J_{sc} \times V_{oc} \times FF}{P_{in}} \quad (8-24)$$

其中,J_{sc}、V_{oc} 为太阳能电池的短路电流密度和开路电压,FF 为太阳能电池 $I-V$ 曲线的填充因子。

在测量太阳能电池的能量转换效率时需要注意以下几个问题:

(1)太阳光模拟器:太阳光模拟器的光谱范围、谱形、光的功率密度与太阳光有较大的偏差。为减小测量中的误差,通常需要采用标准太阳能电池对太阳光模拟器的光强进行校准。由于太阳光模拟器在每一段光谱区间内的功率密度不同,因此对于不同带隙的材料所制备的太阳能电池需要对其响应波段内的光强进行校准。假如太阳光模拟器在 400~600 nm 波段范围内的光强较标准太阳光弱,在 800~1100 nm 范围内的光强较太阳光要强。如果采用标准硅太阳能电池进行校准,并测试硅太阳能电池,则不会存在问题,因为标准硅电池校准后太阳光模拟器在 1100 nm 之前的总光子数与太阳光谱相同。然而,如果这时用该光源去测量吸光材料带隙为 2.25 eV 的太阳能电池,由于其响应范围仅到 550 nm,则会因为光子数不足而引起所测量的短路电流偏低。因此,对应不同材料的太阳能电池器件,需要使用带滤波片的标准太阳能电池去校准。

（2）接触电阻：在测量的过程当中，太阳能电池通过导线与数字源表进行连接。若器件与太阳能电池之间的接触电阻较大，则会引入额外的串联电阻，导致测量的 $I-V$ 曲线出现如图 8-5 所示的情况，会低估太阳能电池的能量转换效率。

（3）器件与光之间的平行度：器件与光之间如果不平行，将会造成受光面积小于实际面积，从而低估太阳能电池的电流及能量转换效率。

8.4 光谱响应（量子效率）

能量转换效率只能获得太阳能电池的总体性能，无法获得其光谱响应范围和响应的强弱。量子效率 QE(quantum efficiency)，或称光谱响应，是指太阳能电池的光电特性在不同波长光照条件下的响应，即在不同波长下太阳能电池收集的电子数与光子数的比值，即

$$QE = \frac{n_e}{n_p} \times 100\% \tag{8-25}$$

光量子效率测量采用单色光照射太阳能电池器件，研究太阳能电池在不同波长光子照射下的响应，从而获得太阳能电池的光谱响应特性。

根据光量子效率测试中是否考虑光反射、光透射的影响，可将光量子效率测量分为外量子效率(external quantum efficiency, EQE)和内量子效率(internal quantum efficiency, IQE)测试。外量子效率测试结果反映的是器件对光子的响应特性（外量子效率 = 电子数目/入射光子数目），器件的反射光和透射光也包含在内，是衡量器件性能的直接参数。内量子效率测试结果反映的是器件内部载流子的收集特性（内量子效率 = 电子数目/器件吸收的光子数目），需要从入射光子数当中减掉反射光子数和透射光子数。

参考资料

[1] 刘恩科,朱秉升,罗晋生. 半导体物理学[M]. 7 版. 北京：电子工业出版社，2017.

[2] 谢希德,方俊鑫. 固体物理学：下册[M]. 上海：上海科学技术出版社，1962.

[3] 黄昆,谢希德. 半导体物理学[M]. 北京：科学出版社，1958.